深度强化学

云计算中作业与资源协同
自适应调度的理论及应用

彭志平 编著

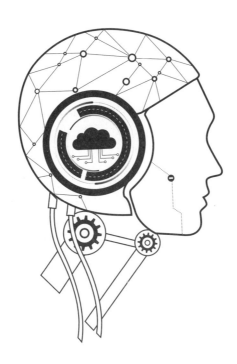

清华大学出版社
北京

内 容 简 介

本书汇集了作者近年来在云计算作业分配、虚拟化资源调度、云作业和资源协同自适应调度、强化学习和深度强化学习理论等方面的研究成果,同时介绍了在云计算中用户作业分配和虚拟化资源调度的一些基本原理和主要方法。

全书共分为4篇：第1篇基础理论(第1章和第2章),介绍了云计算和深度强化学习的基本理论；第2篇云作业调度算法(第3～7章),介绍了云计算环境下的随机作业优化调度策略、混合作业调度机制、基于多智能体系统的云工作流作业优化调度、基于深度强化学习的云环境下的多资源云作业调度策略、基于深度强化学习的多数据中心云作业调度；第3篇虚拟化资源调度(第8～11章),介绍了基于强化学习的云计算资源分配研究、基于DQN的多目标优化的资源调度框架、容器云环境虚拟资源配置策略的优化、两阶段虚拟资源协同自适应调度；第4篇云作业和虚拟化资源协同自适应调度(第12章和第13章),介绍了基于异构分布式深度学习的云任务调度与资源配置框架、云工作流任务与虚拟化资源协同自适应调度机制。

本书可作为计算机类专业学生的参考书,同时对从事云计算中作业与虚拟化资源协同自适应调度的理论及应用技术研究、开发和应用的科技人员也具有一定的参考价值。

图书在版编目(CIP)数据

深度强化学习：云计算中作业与资源协同自适应调度的理论及应用/彭志平编著. —北京：清华大学出版社,2023.6
　　ISBN 978-7-302-61738-9

　　Ⅰ.①深…　Ⅱ.①彭…　Ⅲ.①云计算－研究　Ⅳ.①TP393.027

中国版本图书馆CIP数据核字(2022)第157357号

责任编辑：曾　珊　李　晔
封面设计：李召霞
责任校对：韩天竹
责任印制：刘海龙

出版发行：清华大学出版社
　　　　网　　　址：http://www.tup.com.cn,http://www.wqbook.com
　　　　地　　　址：北京清华大学学研大厦A座　　**邮　　编**：100084
　　　　社 总 机：010-83470000　　　　　　　　　**邮　　购**：010-62786544
　　　　投稿与读者服务：010-62776969,c-service@tup.tsinghua.edu.cn
　　　　质量反馈：010-62772015,zhiliang@tup.tsinghua.edu.cn
　　　　课件下载：http://www.tup.com.cn,010-83470236
印 装 者：三河市铭诚印务有限公司
开　　本：186mm×240mm　　　**印　张**：12　　　　**字　　数**：210千字
版　　次：2023年7月第1版　　　　　　　　　　　**印　　次**：2023年7月第1次印刷
印　　数：1～1000
定　　价：89.00元

产品编号：094358-01

前言
PREFACE

当前，云计算方兴未艾。云计算是一种崭新的网络服务方式，它将传统的以桌面为核心的任务处理转化为以网络为核心的任务处理，利用互联网中的计算系统来支持互联网各类应用。云计算提供商根据与用户事先约定的服务等级协议（Service Level Agreement，SLA）为用户提供服务，用户则以用时付费模式使用服务。云计算的服务使用模式使得计算能力可以作为一种商品进行流通，就像水、电、煤气一样，取用方便，费用低廉，最大的不同在于，它是通过互联网进行传输。

如何高效合理地进行资源配置与任务调度是保证用户服务质量和云供应商最大化收益的关键，并由此带来了一系列挑战。作者及其团队近年来一直从事该领域的研究工作，深感有必要结合该领域的新成果、新进展和新趋势撰写一本学术专著，对多年来的研究工作做一次系统性的总结和梳理，并希望本书的出版能够对该领域的研究和应用起到一定的推动作用。

本书的研究内容得到了国家自然科学基金项目（61772145、61272382、61672174）的资助，在此，特别向国家自然科学基金委员会致以衷心的感谢。团队成员崔得龙（第2、3、4、8、13章）、李启锐（第10、11、12章）、吴家豪（第5章）、林建鹏（第6、9章）、李凯斌（第7章）等参加了本书部分章节的写作、文字输入和修改工作。作者的妻子李绍平女士为本书的校对付出了辛勤的劳动。本书的责任编辑为本书的高质量出版也付出了辛勤的劳动，在此一并致谢。

由于作者水平有限，本书难免存在不足之处，敬请读者批评指正。作者将充分吸取读者的意见和建议，结合自身的科研工作，不断修改完善本书内容，为推动人工智能科学与技术相关领域的发展贡献绵薄之力。

彭志平

2023 年 2 月

目 录
CONTENTS

第 3 篇　虚拟化资源调度

第4篇　云作业和虚拟化资源协同自适应调度

第 1 篇　基 础 理 论

第 1 章

云计算概述

1.1　云计算技术概述

当前,云计算方兴未艾。云计算是一种崭新的网络服务方式,它将传统的以桌面为核心的任务处理转化为以网络为核心的任务处理,利用互联网中的计算系统来支持互联网各类应用。云计算提供商根据与用户事先约定的服务等级协议(Service Level Agreement,SLA)为用户提供服务,用户则以用时付费模式使用服务。云计算的服务使用模式使得计算能力也可以作为一种商品进行流通,就像煤气、水、电一样,取用方便,费用低廉,最大的不同在于,它是通过互联网进行传输的。

虚拟化技术是云计算迅猛发展的原动力之一。云计算利用虚拟化技术对自身的物理资源等底层架构进行抽象,使得系统上层能通过统一的接口对下层千差万别的底层资源进行统一管理。同时这也简化了相关应用的编写工作,使得开发人员只需要关注业务逻辑,而无须考虑底层硬件资源的供给与调度。通过虚拟化技术,单台物理机的资源可以虚拟化成多台虚拟机,各个虚拟机的应用业务互相隔离,如果其中某些虚拟机发生崩溃也不会影响到其他虚拟机。虚拟机的这些特性使得其易于创建,且能更好地实现多台虚拟机的容错与容灾恢复,大大增强了相关的可靠性与应用性。

目前绝大部分云提供商使用 Hypervisor 虚拟化技术实现物理资源与虚拟资源之间的映射,以虚拟机为基本单元的虚拟架构已经被广泛应用于云计算的资源供应中。然而 Hypervisor 虚拟化已经不是云提供商的唯一选择,容器(Docker)虚拟化技术作为 Hypervisor 虚拟化的一种替代技术,为解决传统虚拟机云资源管理中存在的诸多问题,进一步提高数据中心资源利用率提供了新的契机。与 Hypervisor 虚拟化技术相比,容器虚拟化技术具有以下优势。

(1) 节约资源,提高资源控制的粒度。一台虚拟机所占用的资源往往比一个容器多十倍不止,一般一台物理机上只能创建十几台虚拟机,但可以创建上百个容器。虚拟机需要创建自己的操作系统,而且不同的虚拟机无法共享应用程序的依赖资源,容器就不存在这些问题。

(2) 减少供应时间。一般创建一台虚拟机需要几分钟的时间,当云系统中瞬时工作负载达到峰值时(如电商促销活动时),这种分钟级的供应时间是不足以满足需求的,而一个容器的创建启动只需要数秒时间。

容器已成为当今虚拟化领域最炙手可热的技术。如果说 2014 年仅仅是以 Docker (一个开源的应用容器引擎)为主的容器技术在云计算以及 DevOps 圈初露锋芒的话,2015 年则是以 Docker 为核心的容器生态圈迅猛扩张与进化的一年。例如,2015 年 6 月和 7 月分别成立了开放容器项目(OCI)和云原生计算基金会(CNCF)两大标准组织;8 月和 11 月分别发布了 Docker 1.8 和 1.9 两大关键版本;CoreOS(基于 Docker 的轻量级容器化 Linux 发行版)也进行了一系列关键技术革新与战略布局。

随着云计算技术的不断发展和市场需求不断扩大,云计算已步入成熟落地阶段,无论是在学术研究领域还是工业应用方面均取得了显著的成就。云计算作为一种新型的服务计算模型,将互联网的资源汇聚整合起来,为互联网云进化、云控制、云推理和软计算等复杂问题提供了解决思路。目前被广泛接受的云计算权威定义是由美国国家标准技术研究院(National Institute of Standards and Technology,NIST)提出的。云计算是一种能够通过网络以便利的、按需的方式访问一个可灵活配置的计算资源共享池(包括网络、服务器、存储、应用和服务等)的模式,该资源共享池能以最少的管理开销与供应商交互,迅速配置、提供或释放资源。云计算服务基础元素包括按需分配按量付费、资源池化、灵活调度、可衡量、网络分发。有 3 种基于不同层次的服务模式,包括软件即服务(Software as a Service,SaaS)、平台即服务(Platform as a Service,PaaS)和基础设施即服务(Infrastructure as a Service,IaaS)。当前市场普遍接受的四种部署模式为公有云、私有云、社区云和混合云,如图 1-1 所示。

1.1.1　云计算的 3 种服务模式

1. 软件即服务

Saas 主要是面对普通用户,提供定制性服务满足用户的特定需求。主要功能包括:

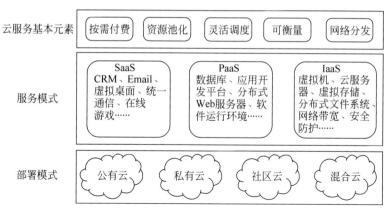

图 1-1 云计算层次架构

（1）可随时随地访问。

（2）支持公开协议。

（3）安全保障机制。

（4）多用户机制等。

相关服务有 CRM、Email、虚拟桌面、统一通信、在线游戏等。

2. 平台即服务

PaaS 主要的用户是开发人员，为开发人员提供一个集成开发环境和测试环境等在内的开发平台，主要功能包括：

（1）提供友好开发工具，让开发者可以在本地便利地进行应用开发和测试。

（2）为上层应用提供丰富的服务。

（3）智能化资源调度，可自动优化系统资源与帮助应用更好地应对突发流量。

（4）精细的管理与监控，提供应用层的状态管理与监控。

相关服务有数据库、应用开发平台、分布式 Web 服务器、软件运行环境等。

3. 基础设施即服务

IaaS 主要面对的用户是系统管理员，为用户提供虚拟机或者存储等资源来部署相关应用。主要功能包括：

（1）资源抽象化，有利于物理资源的管理与调度。

（2）资源监控，能确保基础设施高效运行。

（3）负载管理，能充分利用资源并帮助应用应对突发情况。

（4）数据管理，保证数据的完整性，可靠性和可管理性。

（5）资源部署自动化。

（6）安全管理，保证基础设施提供的资源被安全地访问。

（7）灵活计费。相关服务有虚拟机、云服务器、虚拟存储、分布式文件系统、网络带宽、安全防护等。

上述三种模型之间的关系，从用户角度而言，模式之间相互独立，因为三种模式服务于不同类型的用户。从技术角度看，SaaS 不仅可基于 PaaS 构建，也可直接部署在 IaaS 上。PaaS 不仅可基于 IaaS 构建，也可直接构建于物理资源上。

1.1.2　云计算的 4 种部署模型

1. 私有云

私有云是指企业将拥有的物理计算资源集中管理，搭建企业专属的数据中心，再通过企业内部网络为各部门提供云计算服务。该部署模式的好处是可以保障企业数据的安全，可针对企业的具体业务特性提供定制化云服务，提高业务服务质量，但会极大地增加企业的维护成本与经济负担。

2. 公有云

公有云通常是指用户通过按需付费的形式使用第三方云供应商提供的云服务。优点：该模式的优点是成本较低廉，维护方便，但是由于企业数据是存储在供应商的数据中心，所以在数据安全与管理方面存在较大隐患。而且由于公有云是面向全网的用户提供服务，因此无法为企业不用业务特性提供定制化服务，可能会影响企业的服务质量。

3. 混合云

混合云是两种或多种云计算模式的混合体，多种部署模式相互独立又相互协调，可灵活切换，发挥各种模式的优势。企业可根据自身业务需求与数据安全等级，灵活选择部署的云平台，但会造成企业系统维护与资源管理的复杂性。

4. 社区云

社区云是多个服务目标相似的企业共建共享一个数据中心，共同承担运行成本的云计算模式。一方面可共同分担数据中心庞大的运行成本，充分利用资源，另一方面可以为企业提供更加贴合业务特性的服务。

1.2 云计算的核心技术

云计算作为一种以虚拟化技术为基础,以网络为载体的,拥有强大数据存储和计算能力的新型计算模型,其最为核心的技术包括以下几种。

1. 虚拟化技术

虚拟化技术是一种计算资源管理技术,是云计算服务底层架构的基础。从技术层面上讲,虚拟化即是通过对云系统中各种硬件资源(例如,内存、网络、存储等)进行抽象与转换,以更加简明的虚拟化资源形式展示给用户,方便用户按需购买服务。该技术打破各硬件结构间不可划分的障碍,构建可灵活配置资源的架构,实现对系统中大规模物理资源的统一管理与配置,极大地提高云系统的性能与服务质量。资源虚拟化的目标是为了更好地集中管理资源,灵活配置资源,满足用户特定的需求,充分利用系统资源,以提高系统性能和服务质量。

2. 分布式存储技术

分布式存储技术是一种网络存储技术,通过采用可扩展的系统结构,将海量数据存放到多台物理服务器中,通过数据冗余备份来保证数据的高可靠性。分布式存储模式摆脱物理设备的限制,提高系统扩展性、可用性和存取效率。当前流行云计算分布式存储系统有 GFS(Google File System)技术和 HDFS(Hadoop Distributed File System)技术。

3. 编程模式

云计算系统通过并发处理众多用户提交的大量任务,旨在为用户提供高效、便捷的云服务。在整个处理过程中,编程模型的选择是影响到整个系统的运行效率的关键因素。云计算项目中广泛采用分布式并行编程模式。

4. 大规模数据管理

云计算的强大体现在其对海量数据的处理能力,而如何高效地处理大规模数据,其中涉及各个层面的技术。因此,大规模数据管理技术也成为云计算的不可或缺的核心技术之一。

5. 云计算平台管理

面对庞大的服务器集群和需求各异的服务请求,如何高效进行系统资源管理与调

度任务,以保证系统稳定、高效地提供云服务是一个巨大的挑战。云平台管理技术的
主要作用是对大规模的服务器资源进行高效合理的调配,提高各服务器之间的协同工
作能力。

6. 信息安全

云计算自提出以来,由于云计算体系中涉及众多层面的安全问题,因此云安全问
题一直饱受社会各界的争议,同时也是用户最关注的问题之一。不可否认云计算在云
安全方面面临着巨大挑战,但是随着云安全技术的发展和云计算本身具有的优秀特
性,云计算将会比传统模式更安全。

7. 绿色节能技术

由于全球能源紧张,节能环保成为当今世界的大主题。云计算拥有高效率、低成
本等优点。云计算的蓬勃发展必将会产生巨大的经济效益,同时,有助于提高资源利
用率,节省能源消耗。因此将绿色节能技术运用到云计算中也是一个重要的研究
方向。

1.3　云计算资源配置与任务调度模型

云计算作为一种新型的服务计算模式。如何高效合理地进行资源配置与任务调
度是保证用户服务质量和云供应商最大化收益的关键。云计算的资源管理与任务调
度模型大致可划分为应用层、连接层、调度层、物理层,具体如图 1-2 所示。

应用层主要面向各种用户群体,包括个人、研究机构、事业单位等。不同的用户提
交的作业负载类型各异,有复杂任务依赖关系的云作业流、批处理的原子任务等。

连接层的主要作用是云供应商通过虚拟化技术将基础物理资源整合成可配置的
计算资源池(即为云端),通过网络为用户提供云服务(计算能力、存储能力以及信息服
务),用户只需通过网络提交任务到云端,按需按量付费,即可获得相应的云服务,无须
考虑背后的资源配置与任务调度。

调度层的主要工作是为用户提交的多样化任务分配虚拟机资源,由于部分任务之
间存在依赖性,因此任务调度的顺序应确保不破坏其依赖性。目标是尽量减少任务的
等待时间,以满足用户的服务质量要求,保证服务等级协议。

物理层的主要工作是为虚拟机配置物理服务器资源,如 CPU、内存、存储等。虚拟

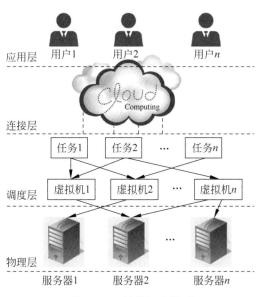

图 1-2 云计算调度模型

机资源配置方式可分成粗粒度资源配置和细粒度资源配置。

（1）粗粒度资源配置方式，是根据云系统的负载情况与运行状态，以虚拟机为资源粒度，动态为任务分配虚拟机。

（2）细粒度资源配置方式，是根据云系统的运行状态与用户需求，弹性增加或减少虚拟机的 CPU、内存、带宽等资源。目标是保证数据中心高效率高性能运行，降低能耗成本、最大化经济收益。

1.4 云计算提出的挑战

1.4.1 虚拟化技术带来的挑战

但是，虚拟化技术的引入并没有减少云计算相关配置管理的复杂性。事实上，多虚拟机运行在同一物理计算基础设施上，增加了管理的难度，并提出了新的挑战。

云计算环境是一个开放、异构的环境，负载、基础设施、虚拟机和应用部署都是瞬息万变的。以 Web 应用为例，通常其用户负载变化有两个规律：其一是周期性变化，通常由昼夜负载差异和周末与工作日的负载差异引起的，基本可通过长期观察来预测;其二是一次任务或突发事件引起的,例如,某热门话题导致网站访问量激增,通常无法预测。在云计算这样由成千上万 PC 服务器组成的大规模分布式系统中,硬件出现故障在所难免,在基础设施维护中动态加入、撤销一个物理节点的情况时有发生。因此,在基础设施维护时,往往需要进行虚拟机迁移,将虚拟机及其运行的应用从一些物理节点暂时移走,并重新部署在另一些具有相同运行环境的物理节点上,保证服务从故障中快速恢复。为了使资源利用率最大化,在资源整合和优化中,云计算提供商往往通过两只"手"进行资源调整:一只"手"做宏观调控,即通过打开或关闭物理节点,或利用实时迁移技术移动虚拟机,调整虚拟化环境中服务器的计算资源;另一只"手"做微观调整,调整某个应用部分或全部虚拟机的资源,如虚拟机的 CPU 数量和内存使用量等。尽管在一定程度上虚拟化技术可隔离虚拟机上运行的应用,但是像 VMware、XEN 等虚拟化技术的实现中,由于客户虚拟机上应用程序的特权指令、写内存和 I/O 中断等操作都要通过虚拟机监视器(VMM)来完成,通过剥夺虚拟机监视器上的资源,一个虚拟机上的不良行为可能对同物理服务器上其他虚拟机的性能产生不利的影响,因此在同一物理服务器上的应用之间是可能互相干扰的。

但是,动态的云计算环境下虚拟机资源和应用系统参数在线动态优化配置非常困难。一方面,云计算中各类底层硬件资源的规模通常是非常庞大的。例如,Google 公司的云计算拥有 100 多万台服务器,IBM 公司的云计算数据中心就有十几个足球场那么大,一般企业的私有云也拥有数百上千台服务器,经过虚拟化后各类虚拟资源更加庞大,管理起来复杂性高、难度大。另一方面,动态的云计算环境具有很大的不确定性。例如,同一物理服务器上的虚拟机之间的干扰是随机的;CPU、内存等虚拟机资源重配置后对应用服务的性能影响往往有延迟效应;对于具有多层结构的应用(如采用 Apache/Tomcat/MySQL 三层结构的 Web 服务),不同层组件的参数配置会互相干扰,其性能瓶颈会发生漂移,优化个别组件性能并不意味着整个应用的性能得到改善;虚拟机的资源、应用系统的参数与应用服务性能存在非线性不确定的复杂关系。因此,动态的云计算环境客观上要求通过高度自适应手段来实现虚拟机资源和应用系统参数的在线动态优化配置。最近,Gartner 和 IDC 都提出,在云计算管理中亟需自动操作过程、减少人工参与、提高服务可获得性的有效技术。

另外,云计算中虚拟机资源和应用系统参数的配置往往会互相影响,需要协调配置,单独调整一方面未必能提高资源利用率和应用服务性能。例如,在采用 Apache/Tomcat/MySQL 三层结构的 Web 应用中,Tomcat 层有一个重要的参数 MaxThreads,

该参数用于设定最大的并行服务请求数。高配置的虚拟机能支持较大的 MaxThreads 值,设置较小的 MaxThreads 值将降低资源效用和应用服务性能。因此,动态的云计算环境客观上也要求虚拟机资源与应用系统参数以协同方式进行在线动态自适应优化配置。

1.4.2 虚拟机资源和应用系统参数提出的挑战

从云服务的供需两个角度看,资源利用率和服务等级协议分别是云计算提供商和云用户最关心的两个根本利益问题。在上述动态云计算环境下,为了在确保服务等级协议的前提下,最大限度地提高资源利用率,对虚拟机资源及其运行的应用系统参数进行在线动态优化配置是很有必要的。例如,为了改善资源的利用率,当从一个模板创建一个虚拟机或一个虚拟机迁移到一个新的物理节点上时,往往很有必要对其配置进行调整;由于负载的动态改变或同一物理机上虚拟机之间的互相干扰,为保证既不会因为资源缺乏而影响业务系统运行,也不会造成严重的资源浪费,必须动态优化虚拟机资源的配置。应用服务的性能除了取决于虚拟机的资源配置、用户负载、不同层组件之间的依赖外,还取决于其本身参数的配置。为了使服务等级协议得到保障,虚拟机和用户负载的动态变化以及组件之间的动态依赖也要求应用服务的参数配置必须进行动态优化。

综上所述,在动态的云计算环境中,如何在保证服务等级协议的前提下最大限度地提高资源利用率具有重要的现实意义。

1.4.3 工作流任务和虚拟化资源进行协同自适应调度 提出的挑战

在复杂、瞬变、异构的云环境中,为了在确保用户服务等级协议前提下均衡供需双方利益,对工作流任务和虚拟化资源进行协同自适应调度是很有必要的。当云服务供需双方协商好待执行的工作量和服务等级协议后,云服务提供商更关注以怎样的资源组合方案尽可能提高资源利用率,从而最大限度地降低运营成本;而云服务使用者更关注以怎样的任务调度方式尽可能减少租用时间,从而最大限度地降低支付成本。因此,一种折中的解决方案就是在供需双方之间取得均衡,实现云工作流任务和虚拟化资源协同调度。同时,由于云工作流具有周期性和瞬变性,云计算资源具有高度的复杂性和不确定性,客观上要求工作流任务和虚拟化资源通过协同自适应手段来实现在线优化调度。

但是,在瞬息万变的云计算环境下进行工作流任务和虚拟化资源协同自适应调度非常困难。例如,Amazon、IBM、微软、Yahoo 的数据中心均拥有几十万台服务器,Google 拥有的服务器数量甚至超过了 100 万台,各种物理资源虚拟化后数目更加庞大,物理节点和虚拟化单元宕机、动态加入和撤销等时有发生,管理起来技术难度大、复杂性高。又如,以多层 Web 服务工作流为例,由于突发事件引起的负载变化规律,常常无法预测。从任务优化分配角度来说,各种类型的云工作流任务在多个处理单元上的调度已被证明是 NP 完全难题。从资源优化供给角度来说,虚拟单元放置一方面需考虑能源消耗,即减少激活物理机和使用网络设备的数量,此时虚拟化单元放置可抽象为装箱问题,这是一个 NP 完全难题;另一方面需考虑数据在虚拟单元之间的传输,即减少对网络带宽的使用,此时虚拟单元放置可抽象为二次分配问题,这同样是一个 NP 完全难题。

在目前的云工作流调度研究中,或侧重于固定虚拟化资源下的工作流任务分配,或侧重于工作流负载变化下的弹性资源供给,或侧重于如何将现有的工作流管理系统融入云平台之中,鲜有将工作流任务分配和虚拟化资源供给相互协同,进行自适应调度的研究。

综上所述,在以容器为新型虚拟化技术的云计算环境中,在保证服务等级协议前提下实现云服务供需双方的利益均衡具有重要的理论和现实意义。

1.4.4 资源利用率和服务等级协议提出的挑战

虽然云服务供需双方对数据中心资源管理和租用方式随着容器等新技术的发展逐渐改变,但资源利用率和服务等级协议仍然是云服务供需双方最关注的两个根本利益问题,同时云资源依然是以按需付费(Pay As You Go)的方式进行管理和使用。因此,在确保服务等级协议的前提下,云租户更关注以怎样的租用方式来减少对数据中心资源的占用,从而降低支付费用;云服务提供商则更关注以怎样的资源组合方式来提高资源利用率,从而降低运营成本。但是,云计算环境是一个开放、异构的环境,负载、基础设施、容器和应用部署都是瞬息万变的。以 Web 应用为例,一次突发事件可能导致网站访问量激增,这通常无法预测。在云计算这样由成千上万 PC 服务器组成的大规模分布式系统中,硬件出现故障在所难免,动态加入、撤销一个物理节点时有发生。在多租户多数据中心的云服务环境下动态不确定性愈加明显。因此,多租户多数据中心的云服务环境客观上要求在分配云平台的资源时,尤其是分配其中最主要的计算和网络这两种资源时,能随着环境的动态变化实现自适应调度。

但是,在瞬息万变的多租户多数据中心云环境下实现计算资源和网络资源的自适应调度,即便是采用新型的容器虚拟化技术,依然非常困难。例如,Amazon 至少有遍布世界的 11 个数据中心,每个数据中均拥有几十万台服务器,Google 至少有遍布世界的 13 个数据中心,每个数据中心拥有的服务器数量甚至超过 100 万台,数据中心各种物理资源虚拟化后数目更加庞大,管理起来技术难度大、复杂性高;各数据中心间以专用网连接,费用昂贵。另一方面,计算资源和网络资源之间存在错综复杂的非线性不确定关系,单独调整某一方面未必能提高资源利用率和应用服务性能,需要动态协调配置。因此,在情况瞬息万变的多租户多数据中心云环境下,客观上不仅要求计算资源和网络资源实现自适应调度,而且要求两者以协同方式进行自适应调度,但目前鲜有这方面的研究报道。

综上所述,在采用新型容器虚拟化技术的多租户多数据中心的云环境中,在保证租户服务等级协议前提下提高资源利用率,实现云服务供需双方的利益均衡具有重要的理论和现实意义。

第 2 章

CHAPTER 2

深度强化学习概述

2.1 深度卷积神经网络

卷积神经网络（Convolutional Neural Network，CNN）是由纽约大学的 Yann
LeCun 教授受生物神经系统处理视觉信息机制启发而发明出来的一种新型网络结构。
CNN 模型在 2012 年的 ILSVRC 图像识别竞赛中大放异彩，展现出其在图像数据处理
方面强大的能力与发展潜力。CNN 是由多个特征提取阶段所构成。每个阶段均由
3 种操作组成：卷积、池化和非线性激活函数（ReLU）。CNN 模型由卷积层、池化层和
全连接层组成，其中卷积层是卷积网络模型的核心，具体的网络结构如图 2-1 所示。

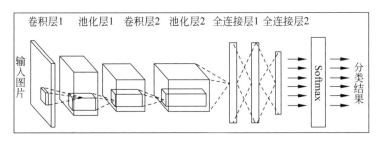

图 2-1 卷积神经网络结构

卷积神经网络使用图像的原始像素作为网络的输入，无须过多的人工预处理。经
由卷积层进行卷积操作，每一个卷积层包含多个不同类型的卷积核，并添加偏置，提取
出图像的最基础的局部特征，映射成多个特征图像，并将卷积核的滤波输出结果进行
非线性激活函数处理，例如 ReLU 函数。将激活函数的输出结果作为池化层的输入，
通过池化函数对卷积层特征映射的亚采样，降低网络参数量，保留有效的特征信息，并

使得特征提取具有平移不变性,减少像素位移对特征提取的影响。目前较常用的池化函数有最大值池化函数和平均池化函数。经过多层相互交替的卷积池化层对图像的信息进行深层次的特征提取后,最后由全连接层对这些抽象特征进行推理计算,实现分类任务。

与传统的全连接网络结构相比,CNN的突出特点在于局部连接、权值共享和池化层中降采样。局部连接和权值共享能够有效地减少网络参数,防止训练过拟合,降低神经网络模型的复杂度。池化层降采样则可进一步降低输出参数量,提高模型泛化能力。

2.2 强化学习

强化学习是机器学习一个分支,通过不断试错机制与环境进行交互,以最大化累计折扣回报为目标,探索寻找完成任务的最佳策略。强化学习研究的问题是基于有限的马尔可夫决策过程(Markov Decision Process,MDP)。MDP的性质是一个随机过程在明确现在状态以及过往所有状态的情况下,其未来状态的条件概率分布仅依赖于当前的状态,与过去历史状态无关。马尔可夫决策过程可描述为:智能体(Agent)通过采取行动(action)改变自身状态(state),与环境(Environment)交互获得回报(Reward)。MDP可用一个五元组$(S,A,P_a(s,s'),R_a(s,s'),\gamma)$来描述,其中

S:有限的环境状态集合,$s_t \in S$ 表示 t 时刻的状态;

A:有限的动作集合,$a_t \in A$,表示 t 时刻选择的动作;

$P_a(s,s')=P(s_{t+1}=s \mid s_t=s,a_t=a)$表示在时间 t 状态 s 执行动作 a 可以在下一时刻 $t+1$ 转换到状态 s' 的概率。

$R_a(s,s')$:表示智能体执行动作 a 使得状态从 s 转换到 s' 所获得的立即回报值。

$\gamma \in [0,1]$是折扣因子,用来权衡未来回报值对累计回报值的影响,则整个任务过程从 t 时刻开始到 T 时刻任务结束时,回报值之和为

$$R_t = \sum_{t'=t}^{T} \gamma^{t'-1} r_{t'}, \quad \gamma \in [0,1] \tag{2.1}$$

强化学习的目标是智能体在与环境交互的过程中,通过调整策略(π)来获得最大累计折扣回报。主要根据值函数来评判某个策略 π 的优劣程度。值函数可分为状态值函数和状态动作值函数。

状态值函数只与状态 s 有关,若假设初始状态 $s=s_0$,则可定义:

$$V^{\pi}(s)=\sum_{t=0}^{\infty}\gamma^t r(s_t,a_t)\mid s_0=s,\quad a_t=\pi(s_t) \tag{2.2}$$

由强化学习的目标可知,值函数最大化的策略即为最优策略,因此可根据下式获得最优策略:

$$\pi^*=\arg\max_{\pi}V^{\pi}(s) \tag{2.3}$$

而动作值函数与状态 s 和动作 a 都有关,可定义为:

$$Q^{\pi}(s_t,a_t)=R(s_t,a_t)+\gamma V^{\pi}(s_{t+1}) \tag{2.4}$$

对应的最优策略由下式可得:

$$\pi^*=\arg\max_{a\in A}Q^{\pi}(s,a) \tag{2.5}$$

2.3 深度强化学习

深度强化学习是由 DeepMind 团队提出的一种结合深度学习与强化学习的新型的端对端的感知与控制系统,通过结合深度学习的感知能力与强化学习的优秀的决策能力,各取所长,为复杂系统的感知决策问题提供了解决思路,具有很强的通用性。当前深度强化学习方法主要有以下 3 种:基于搜索与监督的深度强化学习、基于值函数的深度强化学习和基于策略梯度的深度强化学习。DRL 技术在很多复杂的感知与决策控制任务中得到了广泛应用,并取得了突破性的进展,为人工智能通用化开辟了新的途径与思路。深度强化学习的架构如图 2-2 所示。

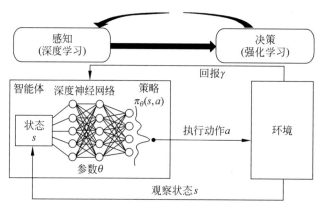

图 2-2 深度强化学习框架

　　深度强化学习紧密结合了深度学习的感知能力与强化学习的决策能力。深度学习负责从环境中获得目标观测信息,提供当前环境下的状态信息,自动学习动态场景的特征。强化学习负责将当前状态映射到相应动作,基于预期回报评判动作价值,学习对应场景特征的决策动作序列。深度神经网络具有强大的泛化能力和特征抽象提取能力,能够直接从原始数据中提取出高层次特征,并且可拟合任何复杂函数,作为强化学习值函数的逼近器。目前深度强化学习模型有基于卷积神经网络的深度强化学习(Deep reinforcement learning based on convolutional neural network)、基于递归神经网络的深度强化学习(Deep reinforcement learning based on recurrent neural network)。前者将卷积神经网络与强化学习结合处理图像数据的感知决策任务,后者将递归神经网络与强化学习结合适合处理与时间序列相关的问题。

　　2015 年 DeepMind 公司在 *Nature* 上发表关于深度强化学习的论文,提出了一种结合深度卷积神经网络与传统 Q-学习算法的深度 Q 网络模型(Deep Q-network,DQN)。DQN 模型架构图如图 2-3 所示。

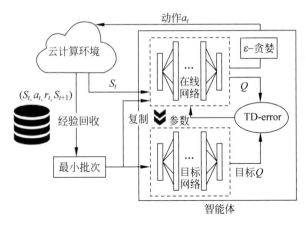

图 2-3　DQN 模型架构

2.3.1　DQN 算法主要用到的关键技术

　　(1)经验回放(Experience Replay)。通过将训练获得的样本数据存储在经验池中,然后采用最小批次训练方法随机抽取批量样本进行模型训练。这种处理方式能够解决样本间的关联性和非平稳分布问题,使样本相互独立,有利于加快算法收敛和泛化能力,提升训练性能。

（2）固定目标网络(Fixed Q-target)。使用专门的目标网络来计算目标 Q 值,而不是直接使用预更新的在线网络。目标网络结构与在线网络一样,在训练过程中,采用延迟更新方法,每训练 C 个回合才将当前在线网络的参数值复制给目标网络,更新一次目标网络参数。目的是减少目标计算与当前值的相关性,使得训练稳定性和收敛性更好。

（3）探索与利用(Exploration and Exploitation)。在模型训练前期,智能体采用较小的 ε 值以增加选择随机动作的概率,探索未知动作产生的效果,有利于更新 Q 值,获得更好的策略。在训练过程中,ε 值逐渐递增以增加选择最大 Q 值动作的概率,利用已知信息获取最大的回报值。这种处理方式既有利于寻找全局最优解,又可保证可收敛性。

2.3.2　DQN 模型训练过程

在训练模型过程中,智能体通过不断试错与环境进行交互探索,根据在线网络生成的每个动作的 Q 值,采用递增的 ε-贪婪策略来选择动作,生成一系列的状态、动作、回报值。目标是最大化期望累积折扣回报。模型中采用深度卷积网络来拟合最优的动作-值函数。

$$Q^*(s,a) = \max_{\pi} E\left[r_t + \gamma r_{t+1} + \gamma^2 r_{t+2} + \cdots \mid s_t = s, a_t = a, \pi\right]$$

$$= E_{s'}\left[r + \gamma \max_{a'} Q^*(s',a') \mid s,a\right] \tag{2.6}$$

行为策略 π 表示在 s 状态下选择动作 a。在训练过程中,采用 Mini-batch 训练方法,每个训练回合均从经验池中随机选取 M 条经验,将状态作为在线网络的输入,获得动作 a 的当前 Q 值,将下一状态 s_{t+1} 作为目标网络的输入,获得目标网络中所有动作中的最大 Q 值,采用均分差(Mean-Square Error,MSE)来定义损失函数:

$$L_i(\theta_i) = E_{(s,a,r,s')\sim D(M)}\left[(r + \gamma \max_{a'} Q(s',a';\tilde{\theta_i}) - Q(s,a;\theta_i))^2\right] \tag{2.7}$$

γ 是折扣因子,决定着 Agent 的视野,θ_i 表示在第 i 次迭代的在线网络的参数,$\tilde{\theta_i}$ 是用来计算第 i 次迭代目标网络的参数。计算参数 θ 关于损失函数的梯度:

$$\nabla_{\theta_i} L(\theta_i) = E_{(s,a,r,s')\sim D(M)}\left[(r + \gamma \max_{a'} Q(s',a';\tilde{\theta_i}) - Q(s,a;\theta_i) \nabla_{\theta_i} Q(s,a;\theta_i)\right]$$

$$\tag{2.8}$$

有了上面的梯度,而 $\nabla_{\theta_i} Q(s,a;\theta_i)$ 可从神经网络中计算可得,因此,可使用随机梯度下降法(Stochastic Gradient Descent,SDG)来更新参数 θ,从而获得最优的 Q 值。该网络参数采用延迟更新方法,每 C 个训练回合才将当前在线网络的参数值复制给目标网络,更新一次目标网络参数 $\tilde{\theta}$。

第 2 篇　云作业调度算法

第 3 章

随机作业优化调度策略

合理有效的作业调度是云计算系统性能优化和资源管理的前提。本章结合队列理论设计了一种细粒度的云计算系统模型。该模型由相互作用并协同工作的多个子模型构成,能够准确分析动态变化的云计算环境性能。本章提出了一种基于强化学习的用户作业调度算法,算法在各虚拟机资源占有量不变的约束下,以作业响应时间最小化为优化目标,通过作业的合理调度,提高了资源利用率和服务质量。实验结果不仅证明了该作业调度算法的有效性,而且深刻揭示了云计算环境中各性能指标,如达到率、服务率、虚拟机数量、队列长度等之间的关系。

3.1 引言

云计算是分布式计算、并行计算、效用计算、网络存储、虚拟化、负载均衡、热备份冗余等传统计算机和网络技术发展融合的产物。区别于传统的网络服务平台,云计算提供一种按使用量付费的服务模式,这种模式提供可用的、便捷的、按需的网络访问,进入可配置的计算资源共享池(资源包括网络、服务器、存储、应用软件、服务),这些资源能够被快速提供,只需投入很少的管理工作,或与服务供应商进行很少的交互。云计算的应用服务主要包括以下 3 种:基础设施即服务(Infrastructure-as-a-Service,IaaS)、平台即服务(Platform-as-a-Service,PaaS)和软件即服务(Software-as-a-Service,SaaS)。

如何在动态变化的云计算环境下合理有效地调度用户作业,提高资源利用率成为云计算服务必须解决的关键问题。虚拟化技术支持多个逻辑上独立的应用共享同一节点的物理资源,为提高节点利用率提供了可行的解决方案。但是,当前大多数数据中心往往根据虚拟机对资源的峰值需求来决定集群的配置方案,而峰值需求远大于常态需求,所以仍难以有效提高资源利用率。

虚拟化技术将云计算物理资源等底层架构进行抽象,使得设备的差异和兼容性对上层应用透明,从而允许对云底层千差万别的硬件资源进行统一管理。此外,虚拟化技术简化了应用编写工作,使得开发人员可以仅关注业务逻辑,而无须考虑底层资源的供给与调度。通过虚拟化技术,单台物理服务器可以支持多个虚拟机运行多个操作系统和应用,这些应用服务驻留在各自的虚拟机上,形成一定的隔离,一个应用的崩溃不至于影响到其他应用的运行。最后,虚拟机的易于创建使得应用可以拥有更多的虚拟机来进行容错和灾难恢复,从而提高了自身的可靠性和应用性。但是,虚拟化技术的引入并没有减少云计算相关配置管理的复杂性。事实上,多虚拟机运行在同一物理计算基础设施上,增加了管理的难度。最终虚拟化技术仍然不能担保系统资源利用率,同时绝大部分现有工作仅能应用在小规模环境中而且难以扩展。

为了评估各种云计算平台性能,目前最常见的方式是采用队列理论或其他统计模型,其中响应时间是最重要也是最常用的服务等级协定(Service-Level-Agreement,SLA)性能指标之一。另外,市面上主要的云服务提供商(例如,亚马逊的 EC2、微软的 Azure 等)通常以小时为单位进行计费。因此无论不同的云计算模型侧重点有何不同,都需要在一定的资源占用率的约束下优化响应时间。然而目前文献中采用的主要方法是将整个云计算平台建模为单个队列模型,这种分析模型过于简单、难以扩展而且求解困难。

因此,深入研究云环境下作业调度机制不仅具有理论需要,而且具有重要的应用价值。本章的主要贡献总结为:首先设计了复杂云数据中心中不同运行阶段对应的不同子模型;其次根据队列理论分析了用户作业的响应时间;然后使用强化学习实现了用户作业优化调度算法;最后根据用户工作量和云平台编号,自适应调整系统资源。

本章剩余内容组织如下:3.2 节对相似研究进行介绍;3.3 节介绍了系统模型,包括作业调度子模型(Task Schedule Submodel,TSSM)、作业执行子模型(Task Execute Submodel,TESM)和作业传输子模型(Task Transmission Submodel,TTSM);基于设计的系统模型,3.4 节中使用强化学习实现了作业调度算法,并使用状态聚合技术加速了算法收敛;3.5 节进行算法分析与比较;3.6 节对整章进行总结并指出接下来的研究方向。

3.2　国内外研究现状

作为目前最热门的研究领域,云计算吸引了大量科研人员的广泛关注,但使用严格的数学分析方法进行系统性能分析的还较少。当进行各种云计算平台性能分析时,目前最常见的方式是采用队列理论或其他统计模型,以响应时间作为最重要的性能衡量指标,而且响应时间也是最常用的服务等级协定性能指标之一。根据侧重点不同,使用队列理论进行系统性能分析的文献可被分为以下几类。

3.2.1　理论分析

使用队列理论进行云计算平台建模,最简单的模型为 $M/M/1$ 队列系统。但由于云环境下用户与服务提供商直接的动态交互,以及虚拟机资源的动态变化,$M/M/1$ 队列系统模型忽略了太多系统细节而无法直接使用。但该模型为队列理论为云计算系统分析奠定了理论基础。Yany 等假设用户作业到达间隔和服务时间均为指数分布,将云计算平台建模为 $M/M/m/m+r$ 队列系统,基于该系统模型分析得出了平均服务率、响应时间分布等重要指标的解析表达式。但该模型假设用户作业的等待时间、服务时间和执行时间等均为独立同分布的,这与实际情况不符。Liu 等采用马尔可夫请求队列模型,分析了虚拟机资源竞争和服务器宕机情况下云计算系统性能指标,而且该文献中没考虑到缓存队列长度的限制。

真实环境下的统计分析结果表明,云作业的到达间隔和服务时间通常不满足指数分布。Khazaei 等深入研究了这一问题。研究假设服务时间满足独立同分布,并将云平台建模为 $M/G/m/m+r$ 队列模型,基于该模型分析了云环境下的系统性能指标。

3.2.2　能耗管理

Yao 等针对大规模、地理分散的数据中心的路由决策和服务管理问题,将数据中心建模为 m 个平行和交互的队列系统,并设计了两阶段的前向规模控制算法进行费用和能耗优化。

3.2.3　资源分配

Gao 等针对云数据中心能耗和性能混合优化问题,设计了一种动态资源分配策略,通过动态的电压、频率调整和服务担保,降低了能耗并提高了应用层性能。Suresh 等设计了一种基于 $M/G/1$ 队列理论的资源分配算法,该算法通过云资源的回收机制,能够根据作业到达率的变化确保用户作业响应时间满足要求。相关工作也被扩展到多媒体云和大规模 Web 服务中。Tesauro 等首次将强化学习引入云计算资源分配之中,该算法的创新主要包括:

(1) 算法初始学习阶段使用预设值策略;

(2) 神经网络对 Q 值表的近似。

Julien 等针对用户作业、目标函数和基础设计,开发了一款通用的强化学习架构。Alexander 等针对大学数据中心,设计了一种弹性 Q 学习策略进行科学工作流调度。Bu 等设计了一种基于强化学习进行多层 Web 服务系统参数自配置算法。实验结果表明,该算法能够根据工作量和虚拟机资源自适应配置 Web 系统。

区别于目前的研究成果,本章设计了一种云计算环境下结合强化学习和队列理论的用户作业调度算法。算法引入相互交互的子模型,该模型涵盖了云数据中心的主要特性,包括用户请求达到率、虚拟化资源和弹性资源供给。通过对该模型的分析,可得到云计算系统的重要性能指标,例如,用户作业阻塞率、平均等待时间等。

3.3　系统模型

由于云计算平台的动态变化和复杂性,仅使用单队列模型很难进行系统分析和扩展。本章借鉴文献,重新设计了云计算系统模型,该模型由相互作用并协同工作的多个子模块构成,包括作业调度模块、作业执行模块和作业传输模块,核心部件作业分配器负责将用户作业分配到资源池中相应的计算服务器上进行执行,如图 3-1 所示。

3.3.1　作业调度子模块

在云计算环境中,用户通过网络提交作业服务请求并且接收作业执行结果。作业调度子模块(Task Schedule SubModel,TSSM)由一个有限大小的用户作业缓存队列

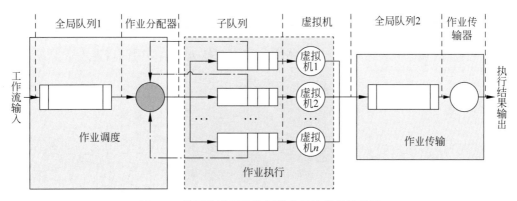

图 3-1　基于队列理论的细粒度云计算系统模型

和用户作业调度器构成。作业队列接收用户提交的作业请求并且维护一个先进先出全局作业队列。用户作业调度器将用户作业调度到作业执行子模块（Task Execute SubModel，TESM）相应的计算服务器上进行执行。虽然云计算系统的用户很庞大，但不同用户在相同时刻提交作业请求的概率很小，因此用户作业到达率可被描述为平均到达率为 λ^{tssm} 的泊松过程。

假设调度服务器的平均服务率为 μ^{tssm}，则作业调度子模块可被建模为 $M/M/1$ 队列系统，当满足 $\lambda^{\text{tssm}} < \mu^{\text{tssm}}$ 条件时，用户作业的平均响应时间可表示为 $rt^{\text{tssm}} = \dfrac{1/\mu^{\text{tssm}}}{1 - \dfrac{\lambda^{\text{tssm}}}{\mu^{\text{tssm}}}}$。

本章中采用了基于强化学习的任务调度器实现用户作业的优化调度，具体实现将在 3.4 节详细介绍。

3.3.2　作业执行子模块

作业执行子模块 TESM 从逻辑结构上可看成多台计算服务器相互并联而成。每台计算服务器均由相应的子任务缓存队列和作业执行器（虚拟机）构成。用户作业调度器将用户作业请求分配给某一具体的计算服务器的子任务缓存队列，作业执行器依次从子任务缓存队列中取出用户作业请求，执行完毕后将执行结果输送到作业传输子模块（Task Transmission SubModel，TTSM）。

本节假设所有的虚拟机同构并且具有相同大小的缓存空间 m，则作业执行子模块可被建模为一系列平行连接结构的 $M/M/1/m$ 队列系统。每台虚拟机以概率 p_i 接收作业调度器分配的用户作业。当条件 $\lambda_i^{\text{tesm}} = p_i \lambda^{\text{tssm}}$ 和 $\sum_{i=1}^{N} p_i = 1$ 满足时,队列系统稳定。假设虚拟机平均服务率为 μ^{tssm},则第 i 个计算队列的响应时间可被表示为 $rt_i^{\text{tesm}} = \dfrac{1/\mu^{\text{tesm}}}{1 - \dfrac{\lambda^{\text{tesm}}}{\mu^{\text{tesm}}}}$。考虑到用户作业可能被分配到任何一个作业队列,则用户作业平均响应时间可描述为 $rt^{\text{tesm}} = \sum_{i=1}^{n} p_i rt_i^{\text{tesm}} \sum_{i=1}^{n} p_i \dfrac{1/\mu^{\text{tesm}}}{1 - \dfrac{\lambda_i^{\text{tesm}}}{\mu^{\text{tesm}}}}$。

3.3.3　作业传输子模块

作业传输子模块由一个全局作业执行结果队列和作业传输器组成。结果队列收到虚拟机发送的用户作业执行结果并维护一个先进先出全局结果队列。作业传输器从结果队列中取出作业执行结果并返回给用户。假设执行结果的到达率为 λ^{ttsm},作业传输器的服务率为 μ^{ttsm} 并且满足条件 $\lambda^{\text{tssm}} < \mu^{\text{tssm}}$,与作业调度模块类似,作业传输模块同样可被建模为 $M/M/1$ 队列系统,平均响应时间可描述为 $rt^{\text{ttsm}} = \dfrac{1/\mu^{\text{ttsm}}}{1 - \dfrac{\lambda^{\text{ttsm}}}{\mu^{\text{ttsm}}}}$。

综上所述,云计算环境下用户作业的平均响应时间可表示为 $rt^{\text{tot}} = rt^{\text{tssm}} + rt^{\text{tesm}} + rt^{\text{ttsm}}$。

3.4　基于强化学习的作业调度算法

作业调度器是用户作业执行序列和资源分配的控制器。一个设计合理的作业调度器不仅能够降低系统响应时间,而且能够提高资源利用率和系统吞吐量。因此云计算环境下的作业调度策略设计是云计算研究领域的一个重要课题。以著名的 Google 云计算平台为例,其 Hadoop 中的作业调度算法的研究方向主要包括数据本地化、任务推测机制以及异构环境等。

3.4.1　强化学习

强化学习属于机器学习的一个重要分支,它是智能体从环境状态到动作映射的学习,以使动作从环境中获得的累计回报值最大。通常假定环境是马尔可夫型的,强化学习过程可以使用一个马尔可夫决策过程表示,其中状态转移概率和回报函数分别为 $P_a(s,s')=P_r(s_{t+1}=s' \mid s_t=s,a_t=a)$ 和 $R_a(s,s')=E(r_{t+1} \mid s_t=s,a_t=a,s_{t+1}=s')$。

智能体从当前状态 $s_t \in S$ 采取任一可选动作 $a_t \in A(s_t)$,然后转移到状态 s_{t+1} 并得到立即回报 r_t。动作选择不仅取决于立即回报,而且取决于将来可能得到的累计回报。本节采用 Q 学习算法实现用户作业调度。Q 值函数定义如下:

$$Q(s,a)=E\left\{\sum_{}^{\infty}\gamma^k r_{t+k+1} \mid s_t=s,a_t=a\right\} \tag{3.1}$$

式中,$0<\gamma<1$ 为折扣因子。最优值函数 $Q^*(s,a)$ 定义如下:

$$Q^*(s,a)=\sum P_a(s_t,s_{t+1})(R_a(s_t,s_{t+1})+\gamma\max_{a_{t+1}}Q^*(s_{t+1},a_{i+1})) \tag{3.2}$$

式中,s_{i+1} 和 a_{t+1} 分别表示下一个状态和动作。

强化学习通过智能体的试错来发现最优行为策略 $\pi: S \rightarrow A$。优化策略 π^* 定义为任意初始状态下的最大累计回报,即

$$\pi^*(s)=\text{argmax}(R_a(s_t,s_{t+1})+\gamma\sum P_a(s,s_{t+1})Q^*(s_{t+1},a_{t+1})) \tag{3.3}$$

3.4.2　基于强化学习的用户作业调度算法

正如 3.3 节所述,作业调度器实现用户作业从全局队列到任务执行队列的调度。假设云计算平台中某一时刻运行着的计算服务器的个数为 N,且每个服务器拥有的计算资源和计算能力相同,每台计算服务器的缓存队列容量均为 M,记计算服务器 i 的缓冲队列剩余容量为 s_i,则整个资源池中作业调度器可支配的剩余容量为 $0 \leqslant s_i \leqslant (M \times N)$。

作业调度器的工作过程可描述如下:假设 T_i 为第 i 个用户作业到达作业调度器时刻,作业调度器首先根据资源池中每个计算服务器缓冲队列剩余容量为 s_i、计算服务器当前作业执行时间以及等待作业的预计执行时间等参数做出作业调度决策,然后将第 i 个用户作业放置到某个计算服务器的缓存队列之中,最后作业调度器更新资源池中每个计算服务器缓冲队列剩余容量为 s_i-1 并等待下一个用户作业的到达。

由于云计算系统在整个运行过程之中,计算服务器会不停地执行用户作业,直到缓冲队列为空,所以资源池中每个计算服务器缓冲队列剩余容量是实时变化的,作业调度器需要定时更新资源池中每个计算服务器缓冲队列剩余容量。因此,作业调度器

的优化目标就是在资源池中同时运行多台计算服务器的环境下,合理调度用户作业,使其协同工作并实现在系统运行时段内用户作业完成率最大。该优化目标可表示为:

$$\underset{\{0 \leqslant \sum_{i=0}^{N} s_i \leqslant M \times N\}}{\text{Minimize}} \quad rt^{\text{tot}}$$

$$\text{subject to}$$

$$0 < \lambda^{\text{tssm}} < u^{\text{tssm}}$$

$$0 < \frac{\lambda^{\text{tssm}}}{u^{\text{tssm}}} < 1, \quad \forall i = 1, 2, \cdots, N$$

$$\sum_{i=1}^{n} p_i \lambda_i^{\text{tesm}} < u^{\text{tesm}}, \quad \forall i = 1, 2, \cdots, N$$

$$0 < \frac{\sum_{i=1}^{n} p_i \lambda_i^{\text{tesm}}}{u^{\text{tesm}}} < 1, \quad \forall i = 1, 2, \cdots, N$$

$$0 < \lambda^{\text{ttsm}} < u^{\text{ttsm}}$$

$$0 < \frac{\lambda^{\text{ttsm}}}{u^{\text{ttsm}}} < 1$$

$$(rt^{\text{tssm}} + rt^{\text{tesm}} + rt^{\text{ttsm}}) \leqslant \text{SLA}$$

$$\sum_{i=1}^{n} p_i \lambda_i^{\text{tesm}} \leqslant \lambda^{\text{tssm}}, \quad \forall i = 1, 2, \cdots, N \tag{3.4}$$

该作业调度算法满足马尔可夫决策过程,相应的概念可定义如下:

(1) 状态空间。对于云作业调度问题,状态可被定义为虚拟机的缓冲队列剩余容量 s_i,则对于整个云计算平台,状态空间可表示为 $s_i = (s_1, s_2, \cdots, s_n)$。

(2) 动作空间。对于作业调度器中的第 j 个用户作业请求,定义动作 $(0/1)_i^j$ 表示第 j 个用户作业分配到第 i 台虚拟机。因此云作业调度算法的动作空间可描述为向量形式,例如,$a_i = (0, 1, 0 \cdots, 0)_i^2$,该向量表示用户作业请求分配到第 2 台虚拟机。

(3) 立即回报。本章以系统当前运行状态和作业调度效率作为立即回报。本章设计的回报函数基于以下两点考虑。

① 如果当前虚拟机的缓存队列大小为 M,则该用户作业将会被立即执行,等待时间和响应时间都为最小;

② 尽管当前虚拟机拥有很多空余缓存空间,若正在被执行的作业需要较长时间才能完成,则该队列中用户作业的等待时间和响应时间也会较长。本节设计的回报函数

如下：

$$r = \begin{cases} 1, & \text{wt} < \overline{\text{wt}} \text{ 且 } s_i = \max(s_i) \\ 0, & \text{wt} < \overline{\text{wt}} \\ -1, & \text{其他} \end{cases} \tag{3.5}$$

式(3.5)中 $\overline{\text{wt}}$ 表示平均等待时间。

Q 学习通过与环境不断地交互和试错，利用环境反馈的评价信号实现决策的优化，其在线学习、免建模、以最大长期累计回报代替立即性能回报等特点使其成为强化学习的一个重要方法，特别适合于学习者对环境了解甚少和动态、复杂环境下策略的自适应学习，Q 值表迭代更新过程如下：

$$Q(s_t, a_t) = Q(s_t, a_t) + a^* [r_{t+1} + \gamma^* Q(s_{t+1}, a_{t+1}) - Q(s_t, a_t)] \tag{3.6}$$

式(3.6)中 α 和 γ 分别表示学习率和折扣率。Q 学习伪代码如算法 3.1 所示。

算法 3.1　Q 学习伪代码

1.　　**Initialize** Q table
2.　　**Initialize** state s_t
3.　　error $= 0$
4.　　**repeat**
5.　　　**for** each state s **do**
6.　　　　$a_t = \text{get\_action}(s_t)$ using ε-greedy policy
7.　　　　**for** (step$=1$; step$<$**LIMIT**; step$++$) **do**
8.　　　　　**Take action** a_t observe r and S_{t+1}
9.　　　　　$Q_t = Q_t + a^* (r + \gamma^* Q_{t+1} - Q_t)$
10.　　　　error $= \text{MAX}(\text{error} | Q_t - Q_{\text{previous-}t})$
11.　　　　$s_t = s_{t+1}, a_{t+1} = \text{get\_action}(s_t), a_t = a_{t+1}$
12.　　　　**end for**
13.　　　**end for**
14.　　**until** error$<\theta$

3.4.3　状态简约

在多计算服务器系统的用户作业协同调度问题中，系统状态空间的大小会随着计算服务器个数的增加和缓存库容量的增加而呈指数形式增长，从而导致维数灾难，影响学习算法的收敛速度和优化效果。

假设每台计算服务器的缓存队列容量均为 M，记计算服务器 i 的缓冲队列剩余容量为 s_i，则有 $0 \leqslant s_i \leqslant M$。由于缓冲队列通常数目较大且实时变化，因此很难掌握其准确的数值，而且也没有必要掌握其精确数值。定义抽象函数 $\phi: S_i \rightarrow E_i$，则对任意的 s_i，$\phi(s_i) \in E_i$ 为聚类后的一个抽象状态。抽象反函数 $\{\phi^{-1}(e_i) \mid e_i \in E_i\}$ 将原始状态空间 S_i 划分成多个子类，即聚类后的抽象状态空间。本节根据缓存队列剩余容量的大小，将原始状态空间划分成 5 个抽象状态，映射过程如下：

$$E = \begin{cases} S_{\mathrm{v}}, & s_i = 0 \\ S_{\mathrm{l}}, & s_i \in \left(1, \dfrac{M}{3}\right) \\ S_{\mathrm{m}}, & s_i \in \left(\dfrac{M}{3} + 1, \dfrac{2M}{3}\right) \\ S_{\mathrm{h}}, & s_i \in = \left(\dfrac{2M}{3} + 1, M - 1\right) \\ S_{\mathrm{f}}, & s_i = M \end{cases} \tag{3.7}$$

式(3.7)中下标 v、l、m、h、f 分别表示剩余缓存队列的状态为空（缓存队列已满）、有较少缓存空间、中等缓存空间、较多缓存空间、全空。因此，经过状态聚类后，抽象状态空间为 $E_i = \{S_{\mathrm{v}}, S_{\mathrm{l}}, S_{\mathrm{m}}, S_{\mathrm{h}}, S_{\mathrm{f}}\}$。设对于第 i 个用户作业请求，作业调度器采取的动作只与聚类状态 S_i 有关，记为 $a_i(S_i)$。显然系统存在如下两种状态，其动作具有特殊性。

(1) 队列空 S_{v}。作业调度器拒绝将用户作业请求分配给剩余缓存队列为空的作业执行器，即 $a_i(S_{\mathrm{v}}) = 0$。

(2) 队列满 S_{f}。作业调度器优先将用户作业请求分配给剩余缓存队列为满的作业执行器，即 $a_i(S_{\mathrm{f}}) = 1$。

对于其他的状态空间 $E_i = \{S_{\mathrm{l}}, S_{\mathrm{m}}, S_{\mathrm{h}}\}$，作业调度的优先级依次增大。

对于第 i 个用户作业请求，作业调度器的策略可记为 $v_i(a(s_{\mathrm{v}}), a(s_{\mathrm{l}}), a(s_{\mathrm{m}}), a(s_{\mathrm{h}}), a(s_{\mathrm{f}}))$，状态转移记为 $(e_i(t_i), a_i(e_i(t_i)), e_i(t_{i+1}))$，对应一个观测状态样本 $<s_i(T_n), a_i(e_i(t_i)), s_i(T_{n+1}), w_i(T_n), \mu_i(T_n)>$，状态转移的即时回报 $r(e_i(t_i), a_i(e_i(t_i)), e_i(t_{i+1}))$，则状态聚类下的 Q 学习伪代码如算法 3.2 所示。

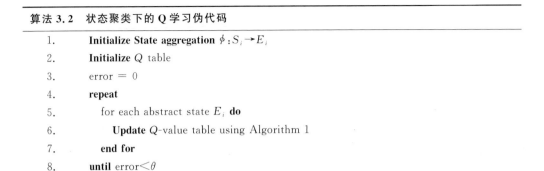

算法 3.2 状态聚类下的 Q 学习伪代码

1.	**Initialize State aggregation** $\phi: S_i \rightarrow E_i$
2.	**Initialize** Q table
3.	error $= 0$
4.	**repeat**
5.	for each abstract state E_i **do**
6.	**Update** Q-value table using Algorithm 1
7.	**end for**
8.	**until** error$<\theta$

3.5 性能评估

根据采用的云计算平台模型和设计的作业调度算法,分别在 Matlab 和 CloudSim 平台上进行性能验证。课题组开发了基于离散事件驱动的数值仿真器,实现了本章设计的基于强化学习的用户作业调度算法 Q-sch,并与流行的静态作业调度算法(平均作业调度算法 Equ-sch)、动态作业调度算法(随机作业调度算法 Ran-sch、混合作业调度算法 Mix-sch)等进行比较。

3.5.1 仿真云平台实验验证

1. 不同作业到达率下的响应时间比较

图 3-2 所示为用户作业到达率从 10 个/秒增加到 20 个/秒,各种作业调度算法响应时间的比较结果。图 3-3 所示为作业服务率从 1 个/秒增加到 5 个/秒,各种作业调度算法响应时间的比较结果,实验结果均证明本课题设计算法优于对比算法。

2. 不同服务率下的响应时间比较

图 3-4 为相同用户作业到达率和虚拟机服务率下,各种算法虚拟机资源利用率和负载均衡的差异,从实验结果可见,本章算法不仅能够提高虚拟机资源利用率,而且实现了各虚拟机的负载均衡。

3. 不同缓存空间大小下的响应时间比较

图 3-5 为不同缓存大小(队列长度)对用作业响应时间的影响,实验结果表明各种

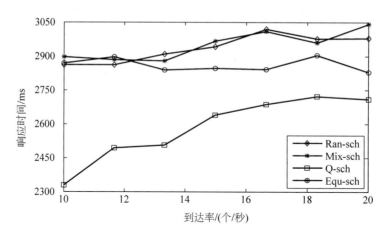

图 3-2　不同到达率下作业响应时间比较

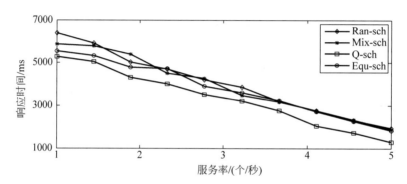

图 3-3　不同服务率下作业响应时间比较

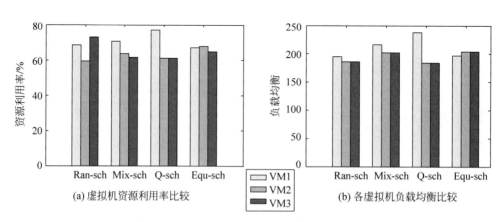

图 3-4　相同到达率和服务率下各虚拟机性能分析

作业调度算法均对缓存大小(队列长度)不敏感。

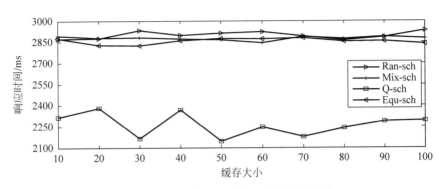

图 3-5　不同缓存下用户作业响应时间比较

4. 不同作业到达率和服务率下的响应时间比较

图 3-6 为用户作业响应时间随作业到达率和虚拟机服务率变化情况,实验结果表明,用户作业响应时间随作业到达率增加和服务率降低呈指数增长趋势。从该实验结果表明,可从以下两个方面优化云平台性能:根据用户作业到达率动态调整系统资源,实现虚拟机服务率的自适应调整以避免违反服务等级协议;在确定的系统资源约束下,可以动态调整用户作业到达率,以实现降低作业响应时间,提高云平台服务质量。

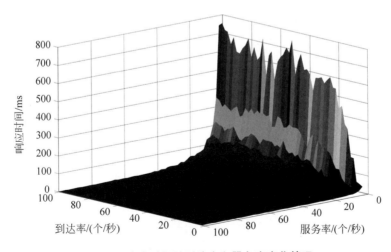

图 3-6　响应时间随到达率和服务率变化情况

3.5.2 真实云平台实验验证

根据用户作业到达情形和响应要求的不同,在标准云计算测试平台 CloudSim 上分别进行在线作业调度和离线作业调度验证。在线作业调度为用户作业连续到达,要求作业调度算法具有实时响应能力和低的时间复杂度;离线作业调度为用户作业批到达,要求作业调度算法能够根据用户作业对系统资源的需求和系统运行状态进行优化调度。本章设计的基于强化学习的用户作业调度算法 Q-sch,并与流行的先进先出作业调度算法 FIFO-sch、公平作业调度算法 Fair-sch、贪婪作业调度算法 Greedy-sch、随机作业调度算法 Ran-sch 等进行比较,选用平均响应时间作为衡量指标。

1. 在线作业调度算法

从图 3-7 的实验结果可得到以下结论,首先在相同的云资源供给条件下,各种作业调度算法的平均响应时间均随着作业数量的增多而增大;其次各种作业调度算法的响应时间均随着作业数量的增多而逐渐趋向汇聚;最后证明课题组算法优于对比算法。在线作业调度算法参数设置如表 3-1 所示。

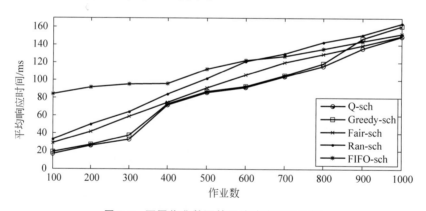

图 3-7 不同作业数下的平均响应时间比较

表 3-1 在线作业调度算法参数设置

参　　　数	取　　　值
作业长度	$(1\sim2)\times10^{10}$ 条指令
作业总数	$100\sim1000$
虚拟机总数	5
虚拟机频率	每秒 $(1\sim3)\times10^{9}$ 条指令

续表

参　　数	取　　值
虚拟机内存	$512\sim2048$MB
虚拟机带宽	$500\sim1000$MB/s
虚拟机缓存	$10\sim50$
物理机数量	5
数据中心数量	1
主机数量	1

2. 离线作业调度算法

图 3-8 为本章设计的基于强化学习的用户作业调度算法 Q-sch，并与流行的遗传作业调度算法 SGA-sch、改进的遗传作业调度算法 MGA-sch 等进行比较，选用平均完成时间作为衡量指标。图 3-8 的实验结果同样证明课题组算法的优越性。离线作业调度算法参数设置如表 3-2 所示。

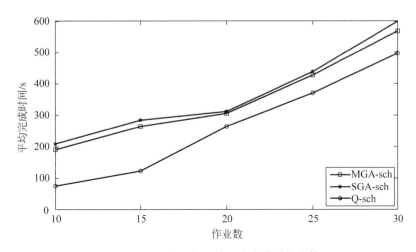

图 3-8　不同作业数下的平均完成时间比较

表 3-2　离线作业调度算法参数设置

参　　数	取　　值
作业长度	$(1\sim10)\times10^{10}$ 条指令
作业数量	$10\sim30$
虚拟机数量	10
虚拟机频率	每秒$(1\sim5)\times10^{8}$ 条指令

续表

参　　数	取　　值
虚拟机内存	$512 \sim 2048$MB
虚拟机带宽	$500 \sim 1000$MB/s
虚拟机缓存	$10 \sim 50$
物理机数量	1 或 2
数据中心数量	2
主机数量	2

3.6　小结

本章深入研究了云计算平台中用户作业的优化调度问题,设计了基于队列理论的云计算平台模型,该模型由相互连接的 3 个子模块组成并且能够刻画云计算服务过程。通过该模型,分析了每个子模块的响应时间,设计了一种新颖的基于强化学习的用户作业调度算法。仿真和真实云计算环境下的实验结果表明,本章算法不仅能够提高资源利用率,而且揭示了系统性能指标直接的隐含关系。

今后打算从以下几个方面进行扩展研究:协同作业调度和资源供给,期望进一步降低响应时间;深入研究云实例,考虑虚拟机宕机、迁移、通信费用等多种因素对调度算法的影响等。

第4章

混合作业调度机制

4.1　引言

作业调度是云计算的关键技术之一,对于满足用户需求和提高云服务提供商服务质量和经济效益具有重要意义。现有的云作业调度算法,或针对计算密集型云作业,或针对数据密集型云作业,鲜见针对混合型云作业的调度算法。在真实的云计算环境中,不同用户提交的作业类型往往不同,不同类型云作业的要求也往往不同,针对单一作业类型设计的调度方法常常不能满足不同类型作业调度的要求,导致违反用户等级协议的约定。

针对虚拟机资源和 SLA 约束下的云计算混合作业(计算密集型和数据密集型)优化调度问题,设计了一种新颖的云平台系统模型,该模型包括虚拟化资源池、作业调度以及相应的接口等。通过分析该平台下的作业执行过程,设计了一种基于强化学习的混合作业调度算法,该算法以虚拟机资源和 SLA 为约束条件,以平均等待时间和完工时间最小化为优化目标,并使用并行多智能体技术加速 Q 学习的收敛速度。仿真和真实云平台实验结果均证明了本算法的有效性。

4.2　国内外发展现状

根据调度时对外界环境和被调度对象信息掌握的完整程度,所采用的研究方法大致可分为 3 类:静态调度法、动态调度法以及混合调度法。

4.2.1 静态调度法

Shojafar 等提出了一种基于模糊理论和遗传算法的混合优化作业调度算法,在完成时间和租用费用的约束下优化虚拟机间负载均衡。Abrishami 等在其网格工作流调度的研究基础上,分别设计了基于 IaaS 云的单向 IC-PCP 和带截止时间约束的双向 IC-PCP 作业分配算法,并指出两种算法的时间复杂度都仅为多项式时间。清华大学张范等设计了一种基于扩展序列优化的调度算法,大幅度降低了时间开销,并证明了该算法具有次优性。大连理工大学郭禾等提出了工作流费用优化模型并在其中添加了通信开销,并在此基础上提出了分层调度算法。

4.2.2 动态调度法

Szabo 等针对数据密集型科学工作流应用,考虑了网络传输和执行时间的约束,设计了一种基于进化方法的作业动态分配算法。Chen 等针对多工作流作业公平分配问题,设计了一种优先级约束下的动态作业重排和调度算法。东南大学李小平团队在动态作业调度方面进行了大量研究,近期发表了一种带准备时间和截止期约束的云服务工作流费用优化算法。该算法建立了相应的整数规划数学模型,引入个体向全局最优解学习的策略提高算法的全局搜索和局部优化能力。李学俊等针对传统数据布局方法的不足并结合混合云中数据布局的特点,设计了一种基于数据依赖破坏度的矩阵划分模型,提出面向数据中心的工作流作业布局方法,将依赖度高的工作流作业尽量放在同一数据中心,从而减少数据集跨数据中心的传输时间。

Cui 等针对不同时间提交的不同 QoS 需求的多工作流调度问题,设计了一种基于强化学习和 DAG 关键路径的混合作业公平调度算法,算法采用状态聚类大幅度降低了状态空间的维度,提高了算法的收敛速度。Zuo 等通过分析工作流作业在云平台的执行过程,设计了一种多目标优化作业调度算法。Peng 等针对计算密集型和数据密集型混合作业,综合采用多智能体并行学习、知识复用和迁移等技术加速最优策略的搜索。

4.2.3 混合调度法

Fard 等针对异构云计算环境设计了一种多目标优化算法。该算法将全局任务分配问题划分为多个子分配问题,每个子问题分别采用元启发式算法求解。谢国琪等在多工作流混合调度领域进行了长期深入的研究,针对云计算环境中多工作流的可靠调度问题,提出一种考虑虚拟机之间链路通信竞争的动态多 DAG 调度策略,有效解决了当多个 DAG 中任务的权值相差较大时的公平调度问题。田国忠等首先提出了衡量 DAG 期限紧急水平的"相对严格程度"指标,能够合理处理多个 DAG 之间调度的紧急水平关系,从而达到 DAG 吞吐量最大化调度目标。

4.2.4　局限性分析

大部分工作是网格工作流作业分配策略在计算资源"按需付费"特性上的扩展,忽略了云计算环境最根本的"弹性资源供给"特征,因此缺乏新颖性和通用性,也不符合真实的云计算应用场景。

通常建模为多约束条件下的单/多目标优化问题,但当作业规模变大时,该优化问题变得异常复杂,往往无法及时得到最优作业分配策略,也易陷入局部最优。

4.3　云平台模型

图 4-1 所示的云平台体系结构包括作业调度器、以虚拟机集群为粒度的虚拟化云

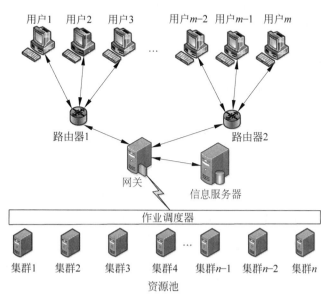

图 4-1　云平台体系结构

资源以及相应的接口。云用户通过终端用户与云平台的接口提交作业请求,作业调度器则将用户作业调度到不同的虚拟机集群上执行。每个虚拟机集群运行着多台虚拟机实例,利用分配的计算资源,包括 CPU、内存和带宽为云用户提供服务。

4.4 混合作业调度算法

本节定义的相关概念如下:

作业执行时间,若用户作业 job_i 分配到虚拟机 VM_j 中执行,则该用户作业的执行时间为定义为

$$\text{EET}(\text{job}_i, \text{VM}_j) = \frac{\text{job}_i \cdot \text{ini}}{\text{VM}_j \cdot \text{proc}} + \frac{\text{job}_i \cdot \text{fsize}}{\text{VM} \cdot \text{bw}} \tag{4.1}$$

用户作业 job_i 的完成时间定义为

$$\text{CT}(\text{job}_i, \text{VM}_j) = \text{EET}(\text{job}_i, \text{VM}_j) + \text{VM}_j \cdot \text{avai} \tag{4.2}$$

为避免 SLA 冲突,则作业完成时间和作业执行时间必须满足下列条件:

$$\text{jud}(\text{job}_i, \text{VM}_j) = \begin{cases} 1, & \text{CT}(i,j) \leqslant \text{VM}_j \cdot \text{avai} + \text{EET}(i,j) \\ 0, & \text{CT}(i,j) > \text{VM}_j \cdot \text{avai} + \text{EET}(i,j) \end{cases} \tag{4.3}$$

资源可用时间为

$$\text{VM}_j \cdot \text{avai} = \text{EET}(\text{job}_i, \text{VM}_j) + \text{VM}_j \cdot \text{avai}$$

作业响应时间为

$$\text{RT}(\text{job}_j, \text{VM}_j) = \text{finish}(\text{job}_i, \text{VM}_j) - \text{submit}(\text{job}_i, \text{VM}_j)$$

4.5 基于强化学习的混合作业调度算法

1. 状态空间

云平台下的可用虚拟机定义为状态空间,若 $\text{jud}(\text{job}_i, \text{VM}_j)$ 的值为 1,则表示该用户作业可被分配到此虚拟机上;反之则不能将当前用户作业分配到此虚拟机上。云环境下的混合作业调度问题满足马尔可夫性,状态转移概率图如图 4-2 所示。

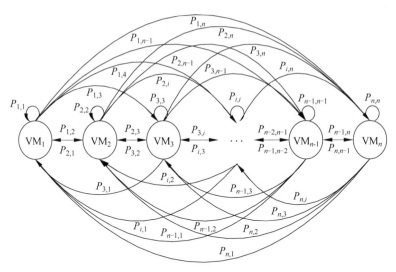

图 4-2 状态转移概率图

2. 动作空间

用户作业能否被分配到当前虚拟机定义为动作空间,该动作空间包含两个动作:0和1,分别表示允许调度和不允许调度。

3. 回报函数

不同作业调度算法之间的最重要的区别就在于回报函数的不同,本节设计的回报函数为

$$r(\mathrm{job}_i, \mathrm{VM}_j) = \frac{\mathrm{job}_i \cdot \mathrm{ini}}{\mathrm{VM}_j \cdot \mathrm{proc}} + \frac{\mathrm{job}_i \cdot \mathrm{fsize}}{\mathrm{VM} \cdot \mathrm{bw}} \tag{4.4}$$

4. 目标函数

本节设计的目标函数为

$$\mathop{\mathrm{MinMin}}_{\langle \mathrm{awt}\rangle\ \langle \mathrm{mks}\rangle}(\mathrm{Max}(\mathrm{VM}_i \mid \mathrm{VM}_i \in \mathrm{S}))$$

subject to

$$\sum_{j=1}^{m} \mathrm{VM}_i^j \leqslant \mathrm{deadline} \tag{4.5}$$

本节使用 Q 学习搜索最优作业调度策略,采用多智能体并行学习、集群间知识迁移等技术加速最优策略的收敛速度,多智能体并行学习架构如图 4-3 所示。

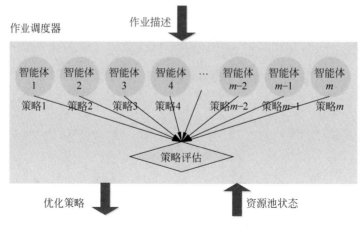

图 4-3 多智能体并行学习架构

4.6 实验结果与分析

根据采用的云计算平台模型和设计的作业调度算法,分别在 MATLAB 数值分析平台、CloudSim 云仿真平台以及真实的云平台上进行性能验证。

1. MATLAB 数值分析平台实验结果

课题扩展了之前的基于事件驱动的 MATLAB 云计算仿真平台,实现了虚拟化资源和 SLA 约束下基于强化学习的混合作业调度算法,并与 Min-min、Max-min、Fast-fit、Best-fit 等算法进行了比较。

1)统计性能比较

以 1000 次试验下的云作业完成时间为统计性能指标,结果如图 4-4 所示。

实验中 SLA 约束为规定时间内完成的作业数目,时间范围从 40 分钟增加到 65 分钟,以 5 分钟为步长增长,很自然地,各种作业调度算法随着时间约束的增加,完成的作业数目随之增加,当时间增加到 55 分钟时,Min-min、Max-min 算法逐渐达到了与课题组算法近似的完成作业数目。

图 4-4 和表 4-1 的实验结果进一步证明了本章算法的优越性,本章设计算法的 makespan(作业完成时间)均优于对比算法,同时在完成用户作业数目近似的情况下,本章算法的 AWT(平均等待时间)优于 Min-min、Max-min 等算法。

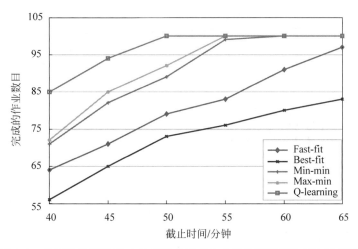

图 4-4 虚拟机资源和 SLA 约束下的完成作业数仿真实验比较实验结果

表 4-1 不同作业调度算法下各虚拟机统计性能比较

	对比算法	截止时间/分钟				
		40	45	50	55	60
作业完成时间	Fast-fit	59.58	68.37	76.07	76.07	76.07
	Best-fit	59.92	69.92	79.87	89.92	99.87
	Min-min	60	69.85	89.75	99.25	108.75
	Max-min	55.33	70	89.66	99.50	107.16
	Proposed	**52.33**	**52.37**	**57.37**	**53.61**	**54.66**
平均等待时间	Fast-fit	24.24	29.43	31.65	31.65	31.65
	Best-fit	24.59	30.42	32.55	37.97	40.72
	Min-min	56.13	48.99	61.92	51.03	44.31
	Max-min	57.44	50.88	64.20	65.56	71.47
	Proposed	**46.00**	**46.68**	**46.12**	**46.24**	**46.70**

2）运行时性能比较

为了深入分析以上的实验结果，抓取截止时间为 55 分钟时各虚拟机的实时运行状态，实验结果如图 4-5 所示。

图 4-5 揭示了各作业调度算法下不同虚拟机实时运行状况，实验结果表明，本章算法能够根据各虚拟机性能的不同进行合理的作业调度，从而提高各虚拟机的资源利用率。

2. CloudSim 云仿真平台实验结果

1）小尺度云平台仿真实验结果

为了跟踪分析各虚拟机的运行状况，设计了一种小尺寸云计算平台，选择 Greedy、

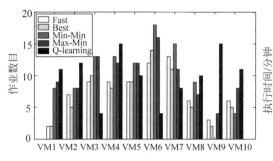

(a) 各虚拟机完成用户作业数目比较

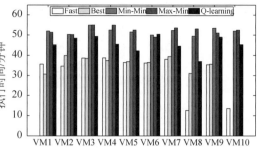

(b) 各虚拟机执行时间比较

图 4-5　截止时间为 55 分钟时各虚拟机运行状态比较

Fair、Rand 等算法进行性能比较，实验结果如图 4-6 所示。

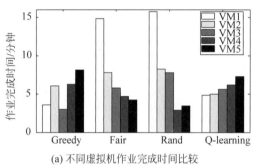

(a) 不同虚拟机作业完成时间比较

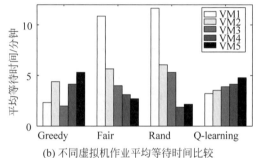

(b) 不同虚拟机作业平均等待时间比较

图 4-6　小尺度云平台下各作业调度算法性能比较

从如图 4-6 所示的实验结果可直观观测到在本课题设计算法在作业完成时间和平均等待时间两个指标下各虚拟机间的实时状态，表 4-2 的分析进一步证明在这两个指

表 4-2　不同作业调度算法下各虚拟机完成时间和平均等待时间比较

	对比算法	VM					方差
		1	2	3	4	5	
作业完成时间	Fair	14.84	7.79	5.80	4.70	4.26	18.79
	Rand	15.74	8.25	7.81	2.93	3.48	26.37
	Greedy	3.61	6.08	2.99	6.29	8.16	4.47
	Proposed	4.88	4.99	5.65	6.20	7.30	**0.98**
平均等待时间	Fair	10.85	5.65	3.99	3.11	2.72	11.02
	Rand	11.65	6.06	5.31	1.88	2.16	15.59
	Greedy	2.32	4.39	1.99	4.14	5.31	2.01
	Proposed	3.22	3.53	3.88	4.13	4.78	**0.35**

标下,本课题算法在这两个指标的方差最小。

2）大尺度云平台仿真实验结果

大尺度的 Cloudsim 仿真云平台配置 500 台物理机模拟大尺度云平台,相同对比算法下的实验结果如图 4-7 所示,从实验结果可见,在相同的 SLA 和虚拟化云资源约束下,本课题算法完成的用户作业数目最多。

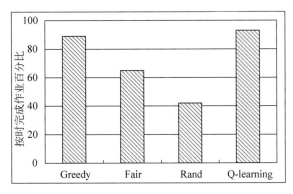

图 4-7　大尺度云平台下各作业调度算法性能比较

3. 真实云平台实验结果

基于实验室物理设备搭建真实的云计算平台(平台由 Lenovo ThinkServer RD630 E52609、IBM R33026 7946 和 IBM RH2288A V2 服务器各 2 台组成),各服务器间的网络带宽为 1Gb/s,虚拟机设置参考 Amazon EC2 镜像。选用与 CloudSim 云仿真时相同的对比算法,实验结果如图 4-8 所示。

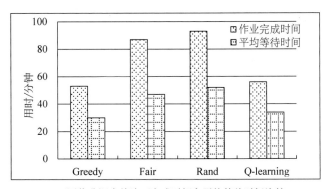

(a) 不同作业调度算法下完成时间和平均等待时间比较

图 4-8　真实云平台下的实验结果

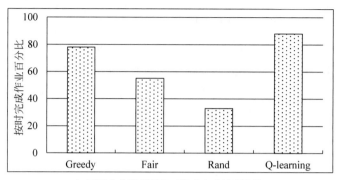

(b) 不同作业调度算法下作业完成情况比较

图 4-8　（续）

从图 4-8 的实验结果可见,本课题算法在真实云平台下的性能指标均优于对比算法。

4.7　小结

通过分析用户作业在云环境中的执行流程,以最小化用户作业完成时间和等待时间为优化目标,设计了一种基于强化学习的混合云作业调度方法,并采用并行多智能体技术加速最优策略的收敛,提高了云资源的利用率,降低了用户等级协议的违约率。

第 5 章

基于多智能体系统的
云工作流作业优化调度

　　针对现有的云工作流调度算法执行时间最小化,作业最优分配以及调度算法的收敛时间问题,提出一种基于多智能体系统的粒子群遗传优化云工作流调度算法。该算法首先利用粒子的自身历史最优位置和粒子群历史最优位置优化全局最优解的搜索过程;然后将系统中的每个粒子作为一个智能体,多智能体间相互竞争和协调;最后在多智能体系统中引入遗传算法,通过智能体间的信息交互进行有目标的交叉变异操作,不仅避免了粒子群的盲目随机化以及陷入局部最优解,而且加速了搜索全局最优解的收敛过程。本章使用真实工作流数据进行模拟实验,实验结果证明该算法的有效性。

5.1　研究背景

　　自从 2006 年 Google 搜索引擎大会首次提出"云计算"概念以来,云计算受到学术界和企业的高度重视,截止到 2021 年,终端用户在公有云服务上的花费已超过 3049 亿美元,已有 82% 的企业通过将业务迁移到云计算环境来降低成本,超过 60% 使用云计算技术来运营 IT 相关业务。云计算不仅给信息产业带来巨大的变革,而且使整个产业结构重新架构。据国际数据公司(International Data Company,IDC)权威预测,未来会有越来越多的应用将在云端工作,更多的客户也将受益于云计算所带来的服务。云计算是一种商业计算模式,该模式允许用户通过可用的、便捷的网络访问,进入可配置的计算资源共享池(资源包括网络、服务器、存储、应用软件等)按需获取计算力、存储空间和信息服务。从发展现状来看,云计算具有以下特点:支持异构基础资源,支持异构基础资源,支持异构多业务体系,支持海量信息处理,按需分配按量计费。按照服务类型大致可以分成 3 类：基础设施即服务（IaaS）、平台即服务（PaaS）和软件即服务（SaaS）。IaaS 将硬件设备等基础资源（存储、网络、服务器等）封装成服务供用户使用。PaaS 提供了用户应用程序（数据库、后台服务器等）的运行环境，是对资源的进一步抽象。SaaS 针对性更强，它将特定应用软件（邮件服务、虚拟桌面等）功能封装成服务，用户可根据自身需求选择应用。

在众多应用中，工作流应用具有业务流程复杂、计算任务耗时和数据量大等特征。因此，大规模的复杂工作流也必然会由原来的基础设施转向更加可靠、廉价的云计算服务系统中执行。而这些应用（科学工作流、多层 Web 服务工作流、MapReduce 工作流和 Dryad 工作流等）成为云计算环境下的一种新的应用模式，即云工作流。云工作流在云计算环境下的执行主要包括任务分配和资源供给两个主要阶段，工作流任务之间的依赖约束关系可用有向无环图（Directed Acyclic Graphs，DAG）来描述。云工作流在共享异构分布式资源（公有云、私有云或混合云等）下的任务调度问题已经被证明是 NP 完全难题，即该问题不能在多项式时间求解。近年来，云工作流在共享异构分布式资源下的任务调度问题近年来引起了科研工作者的广泛关注，并已在执行时间最小化、公平性最大化、吞吐量最大化以及资源优化分配等方面取得了重要进展。

本章针对云工作流作业调度的执行时间最小化、算法收敛时间最小化等关键问题，提出了基于多智能体系统的粒子群遗传优化云工作流调度算法（MASPSOGA）。该算法首先采用粒子群优化算法（Particle Swarm Optimization Algorithm，PSO），通过粒子自身的历史最优值、粒子群的历史最优值进行信息共享和交流，设计适用于离散环境下的云工作流作业调度 PSO 算法；然后结合多智能体系统，利用多智能体系统的特点，使算法信息交流的范围可以扩展到相邻的粒子之间，每个智能体通过自组织的方式获取邻居智能体的信息最后引入遗传算法（Genetic Algorithm，GA），根据智能体之间的共享的信息，调节自身的位置，既避免了盲目的过度随机，又避免了陷入局部最优解。

5.2 相关工作

随着云计算以及相关核心技术的发展，工作流的研究重点也在逐渐发生变化，目前云工作流任务调度成为工作流调度的研究重点之一。为了区分各类云工作流调度的方法，根据工作流和资源可利用的信息，Wu 等把研究方法大致分成 3 类：静态调度法、动态调度法及混合调度法,并提出云工作流的相关研究方向。其中传统的调度算法有轮转调度算法、MIN-MIN算法、MIN-MAX算法,此类算法的优点是实现简单,算法复杂度低,且有较强的实用性,但只能适用于特定场景。

在企业中应用最广的调度算法主要是列表调度。这类算法的主要步骤可概括如下:首先计算工作流的任务优先级;然后根据优先级构造调度队列;最后将调度队列中的各任务分配到虚拟机集合上。该类算法因其具有较低的时间复杂性和较好的调度性能,在工程应用中获得广泛的使用,主要包括:异构最早完成时间算法(Heterogeneous Earliest Finish Time,HEFT)、映射启发式算法(Mapping Heuristic,MH)、关键路径算法(Critical Path on Machine,CPOP)、预测最早完成时间算法(Predict Earliest Finish Time,PEFT)等,其中HEFT是应用最广的算法,主要解决异构环境下有限处理机的调度问题。但是列表调度算法只考虑最小化完成时间,没有考虑到工作流其他方面因素(数据传输、网络带宽等)的影响,因此很难达到全局最优解。

另一种广泛应用的调度算法是基于元启发式调度,主要思想是基于随机算法和局部搜索算法,以可接受的花费(指计算时间、计算空间)给出待解决优化问题的每个实例的一个可行解,但不能保证所得解的可行性及最优性。主要利用遗传算法、粒子群优化算法等智能寻优算法。Shojafa等提出一种基于模糊理论和遗传算法的混合优化任务调度算法,在完成时间和租用费用的约束下优化虚拟机间负载均衡。Zhang等设计了一种基于扩展序优化多目标多任务调度算法,大幅度降低了时间开销,并证明了该算法具有次优性。郭禾等提出带通信开销的工作流费用优化模型,并在模型的基础上提出了分层调度算法。Pandey等提出了一种考虑计算代价和传输代价的基于粒子群优化改进算法,比最优资源选择算法减少了大量成本。Zuo等通过分析工作流任务在云平台的执行过程,设计了一种结合蚁群算法的多目标优化任务调度算法。Kianpisheh等提出了违反概率约束的概念作为调度鲁棒性的标准,结合蚁群算法,通过模拟真实工作流显示算法的有效性。

由于多智能体系统(Multi Agent System,MAS)具有强大的灵活性和适应性,所以MAS在云计算环境下应用也是重要的研究领域。智能体是一种既具有感知能力和问题求解能力,又能与系统中的其他的智能体相互交流通信,从而完成一个或多个功能目标的软件实体。现实中,单智能体所能完成的任务非常有限,而多智能体由于有共同的目标,彼此协作,彼此联系,彼此关联,形成一个松耦合的网络,即所谓的多智能体系统。Padmavathi等提出了一种云服务组件的多智能体系统,可以利用市场为导向的方法,从而调节需求和供应链。侯福等提出一种云服务自组织管理方法,该办法利用智能体的环境感知和自主行为决策的能力,实现对云服务的自主管理。Yi 和 Blanke 构建了在云环境中基于多智能体系统的自适应工作流资源管理算法,并验证了算法的实用性。

综上所述,目前国内外相关的元启发式云工作流调度算法研究大多集中在优化完工时间、费用、算法的健壮性,或同时优化其多个目标,对如何在保证元启发式算法解的质量的同时,又保证搜索速度研究较少。多智能体系统的在云工作流的研究方面也大多集中在开发一个自适应的管理系统,很少与调度算法深度结合,作为算法的一部分去优化某个目标。利用多智能体系统的优势在元启发式算法的搜索过程中提取有效信息来指导优化搜索,既有利于全局搜索,又避免过度的随机,提高搜索效率。

5.3　系统模型

5.3.1　云工作流系统

工作流系统是为了实现某些业务目标,按照某种规则自动传递文档、信息或者任务,并需要相应的软件以及协调的方式完成工作流任务。在实际应用中,工作流系统可能因为业务的复杂性、任务的处理需要强大的计算力、数据的存储问题等,导致整个系统的性能下降。而云计算拥有强大的资源池、强大计算力硬件和大量的软件资源,所以云工作流系统应运而生。云工作流系统兼具了云计算和工作流的特性,系统构建在云计算平台上,利用云计算的特性解决了原先平台不足的问题。在云平台中引进了工作流系统,也使云计算平台可以真正地处理一些业务复杂和数据量庞大的应用,如科学工作流(气候建模、天体物理、高能物理等)、电子商务(证券交易、银行交易、保险索赔等)。这些业务都是数据密集型或计算密集型的,存在大量严格约束的任务集,并且可能在高峰时段需要处理大量业务。随着云计算平台与工作流系统的结合,云工作流系统将成为处理大规模复杂业务的有效工具。

云工作流系统是建立在云计算平台上的工作流系统,满足云计算模式的功能需求。它的功能组件包括了一般工作流系统组件和与工作流系统相协调的云计算平台。此外,由于云计算平台的管理非常复杂和庞大,如何高效提高服务质量(Quality of Serivice,QoS)的管理和任务部署就成为一个极大的挑战。为了在云环境中高效地调度任务及数据,本节提出了一个云工作流系统模型,如图 5-1 所示。

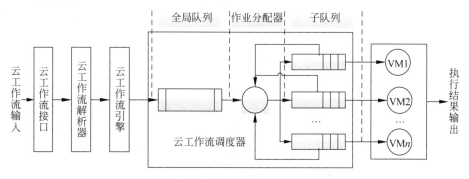

图 5-1　云工作流系统模型

5.3.2　云工作流模型组件介绍

1. 云工作流接口

云工作流通过这个接口导入到云工作流系统中,这个组件提供了对科学工作流、电子商务等的接口,以便后续组件根据其工作流的主要特点进行分类处理。

2. 云工作流解析器

这个组件对工作流整体进行解析,生成工作流的任务集、任务之间的约束关系以及任务之间的数据和传输路径。

3. 云工作流引擎

获取云工作流解析器生成工作流任务集、任务之间的约束关系以及任务之间的数据和传输路径。云工作流引擎的主要作用在于根据任务间的约束关系,确保当前任务在父任务成功完成或数据到达当前任务时,当前任务才可以执行。这个组件只提交未处理的任务给云工作流调度器。

4. 云工作流调度器

这个组件是整个系统的核心,主要的任务调度算法就是通过这个组件实现的:首先云工作流调度器通过加载上一层组件生成的云工作流,生成一个全局队列;其次在作业分配器中根据调度算法对任务进行分配,生成作业的调度的子队列;然后从子队列中按照先来先服务的顺序把任务分配给虚拟机进行处理;最后输出执行结果。

5.4 基于多智能体系统的粒子群遗传优化算法

5.4.1 粒子群优化算法

PSO 是一个基于种群的随机搜索算法,属于元启发式算法。该算法采用群体智能搜索模式,在搜索空间上逐步探索,优化问题,找到解决方案。一个粒子群优化算法维持着一个一定数量的种群,每个粒子代表着问题的一个潜在解。这可以类比动物的社会行为影响,比如一个寻找食物源的鸟类种群,而 PSO 中的一个粒子就类似于搜索(解)空间中的一只飞行的鸟,每个粒子的移动都由一定的幅度和速度描述,则在任何时间点,群体中每个粒子的位置受到它自己的最佳位置和求解空间的最佳位置的影响,所有粒子都由一个适应方程确定适应度值以判断目前的位置的好坏。每一个粒子必须赋予记忆功能,能记录自己的最佳位置 P_{best} 和目前为止整个种群的最佳粒子的位置 G_{best},因此粒子总是向最优的搜索区域移动。基于粒子群优化算法的相关概念可描述如下:

在每次迭代过程中,粒子可以通过获取两个记录值来更新自身。粒子的速度和位置方程公式如下:

$$V_i^{k+1} = \omega V_i^k + c_1 r_1 (P_{\text{best}_i} - X_i^k) + c_2 r_2 (G_{\text{best}} - X_i^k) \tag{5.1}$$

$$X_i^{k+1} = X_i^k + V_i^{k+1} \tag{5.2}$$

其中,V_i^{k+1} 是粒子 i 在第 $k+1$ 次迭代时的速度,V_i^k 是粒子 i 在第 k 次迭代时的速度,ω 是惯性权重,取值非负,调节对解空间的搜索范围。c_1 和 c_2 是加速度常数(c_1 也称为认知系数,c_2 也称为社会系数),调节学习的最大步长。r_1 和 r_2 是 $0 \sim 1$ 的随机数,以增加搜索随机性;X_i^{k+1} 是粒子 i 在第 $k+1$ 次迭代时位置;X_i^k 是粒子 i 在第 k 次迭代时的位置,是 P_{best_i} 第 i 个粒子目前为止到达的最好位置;G_{best} 是对整个种群而言最佳的粒子位置。

粒子群优化算法的流程图如图 5-2 所示。

5.4.2 云工作流环境下的粒子群算法

云工作流调度算法的变量和规则描述如下:

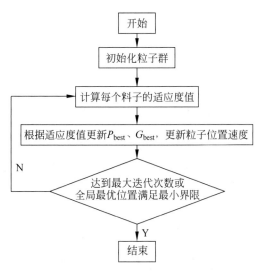

图 5-2　粒子群优化算法的流程图

任务和虚拟机的映射关系表示成一个二元组，

$$X_{ij} = \langle T_i, P_j \rangle, \quad i \in [1,m], \quad j \in [1,n] \tag{5.3}$$

其中，T_i 表示第 i 号任务，m 表示任务的数目，P_j 表示第 j 号虚拟机，n 表示虚拟机的数目，这个二元组代表任务和虚拟机的映射关系，即一个任务 T_i 分配到 P_j 虚拟机上。

粒子的位置：代表云工作流调度问题的一个可行解，表示为一个二维矩阵 $\boldsymbol{X}$

$$\boldsymbol{X} = \begin{pmatrix} \varphi(X_{11}) & \varphi(X_{12}) & \cdots & \varphi(X_{1n}) \\ \varphi(X_{21}) & \varphi(X_{22}) & \cdots & \varphi(X_{2n}) \\ \vdots & \vdots & \ddots & \vdots \\ \varphi(X_{m1}) & \varphi(X_{m2}) & \cdots & \varphi(X_{mn}) \end{pmatrix} \tag{5.4}$$

其中，二维矩阵 $\boldsymbol{X}$ 代表一个粒子的位置，矩阵每个位置存放的任务 T_i 分配到虚拟机 P_j 的权值，即 $\varphi(X_{ij})$。初始化时，任务 T_i 分配到虚拟机 P_i 的 $\varphi(X_{ij})$ 权值置为1，其他位置全部初始化为 0。

此外，G_{best} 和 P_{best} 也表示成任务 T_i 分配到虚拟机 P_j 的 $\varphi(X_{ij})$ 权值置为1，其余位置赋值为 0 的二维矩阵。

粒子的速度代表了云工作流调度问题的在二元组 X_{ij} 在速度更新后 $\varphi(X_{ij})$ 获得的增量。这是个存放增量的矩阵，表示为二维矩阵 $\boldsymbol{V}$：

$$\boldsymbol{V} = \begin{pmatrix} v(X_{11}) & v(X_{12}) & \cdots & v(X_{1n}) \\ v(X_{21}) & v(X_{22}) & \cdots & v(X_{2n}) \\ \vdots & \vdots & \ddots & \vdots \\ v(X_{m1}) & v(X_{m2}) & \cdots & v(X_{mn}) \end{pmatrix} \tag{5.5}$$

其中,二维矩阵 $\boldsymbol{V}$ 代表一个粒子的速度,矩阵每个位置存放着任务 T_i 分配到虚拟机 P_j 速度更新后的增 $v(X_{ij})$,初始化时,全部增量赋值为 0。

在群体中对于一个选定的粒子,它的速度和位置更新公式可以重新定义如下:

减法操作——主要操作矩阵的减法,计算 $X_i - X_j$,获取矩阵 X_1 每行中的最大的权值减去矩阵 X_2 同一位置的权值,得到一个全新的差值矩阵。若矩阵相减,得到的差值小于 0,则赋值为 0。

乘法操作和加法操作:与矩阵正常的乘法和加法运算规则一致。

MASPSOGA 算法的是以执行结果输出的时间 T_{exit} 与工作流应用(粒子)的输入时间 T_{enter} 之差,即工作流的完成时间 makespan 作为本算法的适应度 T_{total}。

5.4.3 多智能体系统下粒子群的自组织模型

在本节设计的算法中,每个粒子都是一个智能体,整个粒子群就是一个多智能体系统。粒子不仅可以拥有 PSO 算法的搜索个体极值和全局最优值的能力,还拥有了多智能体系统的特点,可以与其他智能体进行交流,竞争和合作,从而积累学习经验。每个粒子在迭代过程中不断从邻居粒子、P_{best}、G_{best} 中学习经验,加速逼近全局最优值。

根据六度空间理论,设定每个智能体的邻居智能体个数为 6 个,即每个智能体的局部空间内存在 6 个可以相互通信的智能体,通过智能体间的相互通信。比较个体之间的距离,选取距离最近的智能体,也就是选取适应度值最相近的智能体。聚集多个智能体聚类成高相似性的局部智能体系统。将粒子群空间抽象成局部多智能体系统,如图 5-3 所示。

图 5-3 所示为高相似性局部多智能体系统,引入遗传算法的交叉变异操作,通过和邻居智能体竞争和协调,整个局部多智能体系统多样化,提高算法的收敛速度。整

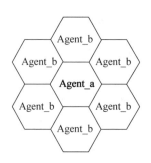

图 5-3 局部多智能体系统

个局部智能体系统存在一个中心智能体(中心粒子),记作 Agent_a。假设中心智能体的邻居是 Agent_b,随机选取一个 Agent_b,若该粒子的适应度值小于 Agent_a 的适应度值,则称其为劣粒子;反之称为优粒子。

1. 交叉阶段

在局部智能体空间中随机选取一个优粒子,与中心智能体(中心粒子)进行交叉操作,从优粒子的位置矩阵的第一行迭代到最后一行,本节将是否进行交叉操作的概率设置为0.2。当遍历到第 i 行时,而且出现概率小于或等于0.2时,就选取了优粒子的第 i 行,与中心智能体的位置矩阵的第 i 行进行交叉操作。

2. 变异过程

在局部智能体空间中随机选取一个优粒子,随机选取中心智能体(中心粒子)位置矩阵的特定位置,与优粒子位置矩阵进行比较,若权值比其大,则随机减少权值;反之则增加权值。

5.4.4　MASPSOGA 算法步骤

步骤1,根据粒子群的规模、认知系数、社会系数初始化粒子群,根据适应度函数,计算每个粒子的适应度值。

步骤2,按照5.4.2节的步骤,依据每个粒子的适应度值,更新粒子的 G_{best}、P_{best}位置矩阵 $\boldsymbol{X}$。

步骤3,按照5.4.3节的步骤,依据每个粒子的适应度,聚类成局部多智能体系统。更新每个粒子的位置矩阵 $\boldsymbol{X}$。

步骤4,重新计算每个粒子的适应度值,若算法满足优化结束条件,输出最优解,否则转向步骤2。

5.5　算法仿真与分析

5.5.1　实验数据和参数设置

为了体现算法的实用性,本节使用了加州大学 Chen 和 Deelman 开发的开源工作流模拟器 WorkflowSim 作为实验验证工具。WorkflowSim 扩展了 CloudSim,并提供了科学工作流的层面的模拟。本节选用的工作流是 WorkflowSim 提供的可供仿真实验的工作流 DAX 文件,这些科学工作流都是真实环境下工作流数据。

本节实验模拟平台的参数设置如表 5-1 所示。

表 5-1　实验模拟平台的参数

平台参数	值	平台参数	值
虚拟机数	10 台	内存	1024MB
核数	1T	带宽	1000Mb/s
处理能力	$(5\sim10)\times10^8$ 条指令/秒		

本章 MASPSOGA 算法参数设置如表 5-2 所示。

表 5-2　MASPSOGA 算法参数

算法参数	值	算法参数	值
种群规模	50	认知系数 c_1	1.0
初始种群	随机初始化	社会系数 c_2	1.0
最大迭代次数	50	阈值 ω	0.75

5.5.2　实验结果及分析

1. 第一组实验

本实验采用不同作业数量的工作流应用作为实验仿真数据,第一组工作流仿真数据是 CyberShake_30. xml、CyberShake_50. xml、CyberShake_100. xml 和 CyberShake_1000. xml。CyberShake 工作流是南加州地震中心使用来验证地震的危险程度的,这个工作流的特点是任务数量较多,需要传输很多数据。Inspiral_30. xml、Inspiral_50. xml、Inspiral_100. xml 和 Inspiral_1000. xml 作为一组实验数据。Inspiral 工作流是激光干涉仪重力波观测台根据爱因斯坦的广义相对论提出的引力波现象,这种工作流的特点是任务数量多,且每个任务都比较小,计算量大。通过对两种工作流的实验模拟,验证本章算法在不同工作流上的实际效率。

对比算法选用在有限处理机环境下性能表现较好的 3 种算法进行比较,分别是 HEFT 算法、MIN-MIN 算法和 MAX-MIN 算法。其中 HEFT 算法根据作业的约束关系,选择高优先级的作业进行调度,把作业调度在可以最早完成时间最小的处理机上,在调度过程中,算法会搜寻处理机的最早空闲时间段,把合适的作业插入其中。因此,该算法充分考虑最小完成时。MIN-MIN 算法属于批处理算法,算法先计算每个作业在处理机上的运行时间,从中选择每个作业对应的最小完成时间的处理机,两两形成映射对,构成映射集合,然后再从映射集合中寻找最小完成时间的作业-处理机映射对,按照该映射对把作业分配到处理机上执行,执行完成后,选择在作业集中删除该映射对,重复上述步骤,直到映射对全部执行完。该算法简单,便于执行,能把作业分配到最早完成该作业的处理机上。MAX-MIN 算法也属于批处理算法,是在 MIN-MIN 算法基础上提出的,主要的不同点在于形成作业-处理机最早完成时间的映射集合后,从映射集合中选择完成时间最晚的作业-处理机映射对先执行。

CyberShake 工作流调度情况如表 5-3 和图 5-4 所示。

表 5-3 CyberShake 工作流的不同作业数调度完成时间

作业数	时间/s			
	MASPSOGA	HEFT	MAX-MIN	MIN-MIN
30	268.20	268.27	268.11	299.88
50	321.09	329.12	327.12	373.41
100	517.88	543.05	526.70	564.23
1000	3232.03	3261.92	3257.71	3326.08

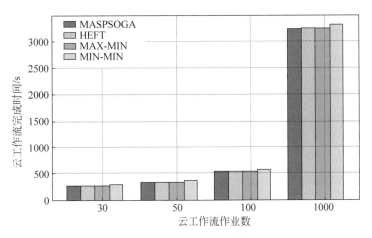

图 5-4 CyberShake 工作流调度直方图

由图 5-4 可看出,在作业数为 30 的情况下,除了 MIN-MIN 算法之外,其他算法基本稳定在一个数值,由于作业数少,算法比较容易搜索到全局最优解。随着作业数增加,本章提出的算法 MASPSOGA 更加容易搜索到全局最优解。HEFT 算法只考虑到每次都把任务分配到完成该作业时间最短的处理机上,把合适的任务插到最早的空闲时间段中。MAX-MIN 算法只考虑到把合适的作业分配到合适的处理机上,根据作业的大小,由大到小调度作业。MIN-MIN 算法根据作业大小,由小到大调度作业。MASPSOGA 算法会考虑的情况更多,本身的粒子群组成的多智能体系统,智能体之间可以相互学习,相互竞争,通过 GA 算法的交叉变异步骤,增加粒子群的多样性。加上 PSO 算法可以从全局最优解和粒子的历史最优解学习,所以 MASPAOGA 算法可以很好地寻找到较优的全局最优解,避免陷入到局部最优解中。

为了测试本章算法对不同工作流的调度效果,选择不同类型的工作流进行实验,Inspiral 工作流调度情况如表 5-4 和图 5-5 所示。

表 5-4　Inspiral 工作流的不同作业数调度完成时间

作业数	时间/s			
	MASPSOGA	HEFT	MAX-MIN	MIN-MIN
30	1427.25	1427.81	1573.33	1850.03
50	2034.93	2159.15	2771.57	2636.27
100	3250.84	3632.75	3395.89	3827.62
1000	30391.58	31536.41	31742.38	32494.26

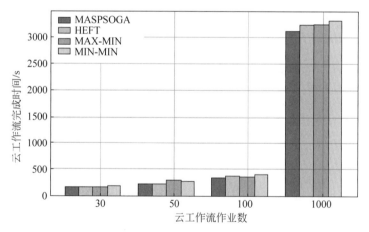

图 5-5　Inspiral 云工作流调度直方图

从如图 5-5 和表 5-4 所示的实验结果可以看出,在相同的云环境下调度不同工作流任务,MASPAOGA 算法仍能表现出较好的调度结果,且随着任务数的增加,本章算法相较于其他对比算法可以更好地搜寻到全局最优解。

2. 第二组实验

本实验采用两组实验仿真数据 CyberShake_50. xml 和 Inspiral_50. xml,通过这两组实验数据比较 MASPSOGA 的收敛效果。

实验选取的第一个对比算法(Simple Particle Swarm Optimization,SPSO)基于 Frans 的工作,他提出让惯性权重 ω 根据迭代次数从 0.9 到 0.4 递减,从而使标准的 PSO 算法能够使个体粒子收敛到自身历史最优值和群体最优值的加权中心。将 Frans 等提出的算法应用到云工作流环境中。第二个对比算法是在云工作流环境下的标准的 PSO 算法。

$$\omega(t) = \left(\omega(0) - \omega(n)\frac{n-t}{n} + \omega(n)\right) \tag{5.6}$$

在实验随机初始化阶段,选取 SPSO 算法和 PSO 算法的初始化结果优于 MASPSOGA 算法的初始化结果的情况,在这种情况下进行迭代,从中选取第 10、20、30、40 和 50 次迭代结果作对比,两个不同工作流的实验结果如图 5-6 和图 5-7 所示。

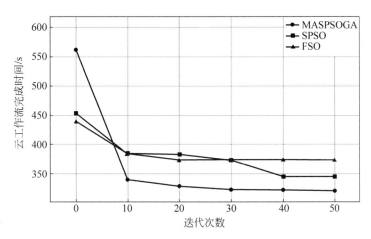

图 5-6 CyberShake 云工作流收敛状况折线图

实验结果表明,本章提出的 MASPSOGA 算法实验在不同工作流的环境下的收敛结果,不管是求解质量还是收敛速度都优于其他两种算法。标准的 PSO 算法在上述实验中,经过两个周期的迭代之后就陷入了局部最优解。SPSO 算法在加入了惯性系数动态变化之后,在前期惯性权重较大时期探索整个解空间,但由于只是受个体粒子最优值和群体最优值的引导,寻找到的最优值很可能陷入了局部最优,后期惯性权重减少,粒子将加强开发力度,只是在探索出的最优解附近进行搜索,粒子群缺乏多样

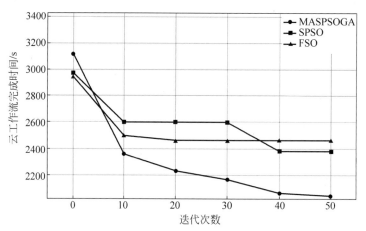

图 5-7　Inspiral 云工作流收敛状况折线图

性,粒子难以跳出局部最优解。本章提出的 MASPSOGA 算法从迭代过程就着力探索整个解空间,但不是盲目地进行搜索,而是把每个粒子看作一个智能体,所以整个粒子群就是一个多智能体系统,粒子间形成一个局部多智能体系统,每个粒子和邻居粒子互相交流、互相竞争、互相协调。局部多智能体系统利用 GA 算法的交叉变异,避免过度随机化,而是有方向地向全局最优解逼近,另一方面引入 GA 算法,在陷入局部最优解时,也可以通过交叉变异跳出局部最优解。多智能体系统之间的粒子的相互协调、粒子自身的历史最优结果、粒子群的历史最优结果,这 3 个诱导因素确保了算法在搜索全局最优解的质量和收敛速度方面可以保持很好的性能。

5.6　小结

　　针对云工作流任务调度的执行时间最小化、任务最优分配以及调度算法的收敛时间的问题,本章引入了一种基于多智能体系统的粒子群遗传优化云工作流调度算法,该算法结合多智能体系统和粒子群优化算法的特点,从粒子间的信息交互、粒子自身历史最优位置、粒子群历史最优位置 3 个方面,有效地避免粒子群陷入局部最优解,强化收敛过程。实验结果表明,本章提出的算法在云工作流作业调度上搜索最优完成时间、算法收敛速度上都优于传统的算法。然而,云工作流作业调度结果不仅只有最优完成时间这一优化目标,还存在作业调度费用、多工作流作业调度等亟须解决的问题。因此,在未来的工作中,将考虑结合多智能体系统和元启发式算法解决云工作流作业调度的多目标优化及多云工作流作业调度优化问题。

第6章
CHAPTER 6
基于深度强化学习的云环境下的多资源云作业调度策略

6.1　引言

针对复杂云环境下的资源管理在线决策任务的困难问题,通过结合强化学习的优秀决策能力和深度学习对环境的强大感知能力来解决。本章提出一种基于深度强化学习 Deep Q-network 算法的云环境下的多资源云作业调度策略,以最小化作业平均怠工和平均完成时间为优化目标。本章提出模型的主要创新点是:

(1) 模型将云系统资源状态抽象化成"图像"的形式,通过深度卷积神经网络对资源状态进行特征提取。

(2) 在训练模型的过程中采用递增的 ε-Greedy 策略选择动作,加大前期探索最优调度策略的力度,有利于寻找全局最优解,同时保证可收敛性。

(3) 改进其动作价值评估方法,使得智能体能更加准确、有效地对动作的价值进行判断,有利于智能体更快地寻找到最优调度策略。实验结果表明,该调度策略性较基于标准的策略梯度算法的调度策略优化效果更好,收敛速度更快。

6.2　系统模型及表示

本系统资源以具有 d 种资源类型(例如 CPU、内存)的集群形式表示,集群 CPU 资源总量为 R_{cpu},内存资源总量为 R_{mem},持续时间为 T,作业以离散时间在线方式到达集群作业缓冲区,智能调度器在每个时间步选择调度一个或多个等待作业,假设作业的资源需求在到达集群时已知,每个作业的资源属性表示为向量 $r = (r_{i,cpu},$

$r_{i,\text{mem}}, \cdots, r_{i,d})$，$r_{i,\text{cpu}}$ 表示作业 i 需要占用的 CPU 资源数量，$r_{i,\text{mem}}$ 表示作业 i 需要占用的内存资源数量，t_i 为作业 i 的持续时间。实验中不设置作业抢占机制，这意味着作业从执行开始直到作业完成需要一直占用资源，在资源配置期间，必须确保 $\sum_{i=1}^{n} r_{i,\text{cpu}} \times t_i \leqslant R_{\text{cpu}} \times T, \sum_{i=1}^{n} r_{i,\text{mem}} \times t_i \leqslant R_{\text{mem}} \times T$。同时，以集群形式作为资源集合，忽略机器碎片影响等因素，但该模型包含多资源调度的基本要素，可以验证深度强化学习方法在云计算资源调度领域的有效性。

1. 状态空间

系统的状态空间包含当前集群中机器资源配置和等待调度队列中作业的资源需求，如图 6-1 所示，集群状态表示接下来 T 个时间步（$T=20$）为等待服务的作业配置资源的情况，在集群状态图像中不同颜色代表不同的作业。例如，图像中红色部分代表该作业需要占用 1 个单位的 CPU、2 个单位的内存，持续时间为 1 个时间步。作业队列图像表示等待调度作业的资源需求，例如，作业 1 需要占用 2 个单位 CPU 和 3 个单位的内存，持续时间为 2 个时间步。每个时间步根据泊松分布将会有一定数目的作业到达，作业缓冲区 Backlog 用来存储已到达但未表示在状态空间中的作业队列。系统状态空间将以二进制矩阵的形式（彩色单位以 1 表示，空白单位以 0 表示）作为模型神经网络的输入。因此，状态空间只能固定表示 M 个等待调度的作业的属性，剩下未被选入调度队列的作业将积压在缓冲区 Backlog 中，等待调入调度队列。同时，该方法会限制动作空间的大小，使得模型学习过程更加高效。

扫码看原图

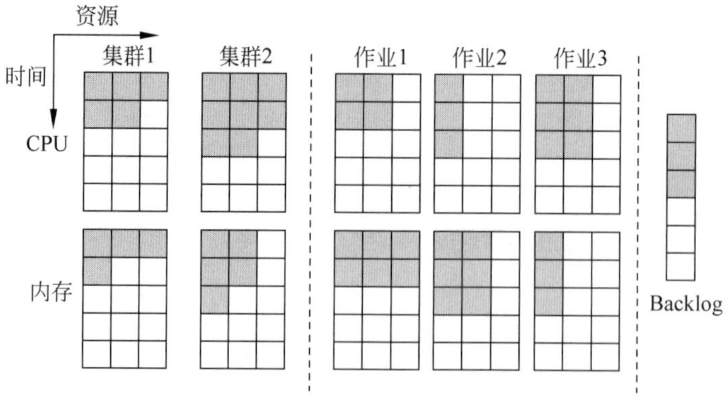

图 6-1　状态空间

2．动作空间

本模型将包含 M 个作业的调度队列表示为 $\{J_0, J_1, \cdots, J_{M-1}\}$，$N$ 个集群表示为 $\{C_0, C_1, \cdots, C_{N-1}\}$。因此，动作空间数为 $N \times M + 1$，表示为 $\{0, 1, 2, \cdots, N \times M - 1, \phi\}$，动作 $j \times M + i$ 表示将作业 J_i 调度到集群 C_j 中，动作 ϕ 表示空动作，不调度任何作业。在每个时间步，调度器将从作业队列中选择多个作业调度到集群中，直至选择到空动作或无效动作为止。调度器将为被调度的作业分配合适的资源，并更新系统的集群资源状态，并从缓冲区中取出相应数量的作业，补充到调度队列中，以保证调度队列作业数量不变，更新作业队列的状态，直到将所有等待服务的作业调度完。

3．回报函数

回报函数是智能体不断与环境交互探索通向优化目标的引导者，针对不同的优化目标，需要设计不同的回报函数。在本章中拟将最小化平均作业怠工和最小化平均作业完成时间作为优化目标。作业的怠工定义为 $S_i = C_i / T_i (S_i \geqslant 1)$，对应的回报函数设计为

$$R = \sum_i^J -1/T_i \tag{6.1}$$

式中，J 表示所有已到达系统的等待调度的作业，T_i 代表作业 i 的持续时间。

对于最小化作业完成目标的回报函数可设计为

$$R = -|\phi| \tag{6.2}$$

式中，ϕ 表示当前时间步系统中未完成的作业数。

6.3　算法说明与伪代码

在整个训练过程中，使用 100 个不同到达序列的作业集，每个作业集包含 100 个作业。在每个训练回合，对同一个作业集进行 20 个作业回合的探索。记录每个作业回合所有时间步的当前状态信息 s_t、选择的动作 a、获得的回报值 r、下一个状态信息 s_{t+1}，当回合结束时，计算当前作业回合的每个时间步所获得的累计折扣回报 v_t。为了使得增加智能体在训练前期对最优策略的探索力度，采用递增的 ε-Greedy 策略来选择动作（ε 的初始值为 0.5，最大值为 0.9，每一训练回合的增幅是 0.001）。

当作业集的所有作业回合结束时，计算作业集的不同作业回合的同一时间步的选择动作所获得的累计折扣回报值的均值，作为基准值 b_t，然后将每个作业回合的每个时间步选择动作所获得的累计折扣回报值减去基准值（$v_t - b_t$）作为该动作的评估值

Δr。最后将同一个作业集的 20 个作业回合的各个时间步的状态信息 s_t、动作 a_t、动作价值 Δr_t、下一状态信息 s_{t+1} 作为一条经验信息 $(s_t,a_t,\Delta r_t,s_{t+1})$ 存储到经验池 D 中。直到经验池的经验达到阈值,采用 Mini-batch 训练方法,从中随机选择 $M=32$ 条经验信息,采用随机梯度下降方法更新 Q 网络参数,学习率为 0.001。每 C 个训练回合才将当前 Q 网络的参数值复制给目标 $Q^\sim$ 网络,更新一次目标网络参数。详细的训练过程伪代码如算法 6.1 所示。

算法 6.1　算法伪代码

---

1.   Initialize replay memory D to capacity M
2.   Initialize action-value function Q with random weights θ
3.   Initialize target $Q^\sim$ with random weights $\theta^\sim=\theta$
4.   **For** each iteration：
5.   For each jobset：
6.   Run episode $i=1,2,\cdots,N$：
7. $\{s_1^i,a_1^i,r_1^i,s_2^i,\cdots,s_{L_i}^i,a_{L_i}^i,r_{L_i}^i,s_{L_i+1}^i\}\sim\pi_\theta$
8.   Compute returns：$v_t^i=\displaystyle\sum_{s=t}^{L_i}\gamma^{s-t}r_s^i$
9.   **For** $t=1$ to L：
10.   Compute baseline：$b_t=\displaystyle\sum_{i=1}^{N}v_t^i/N$
11.   **For** $i=1$ to N：
12. $\Delta r_t^i=v_t^i-b_t^i$
13.   Store transition $(s_t^i,a_t^i,\Delta r_t^i,s_{t+1}^i)$ in D
14.   **End For**
15.   **End For**
16.   **End For**
17.   Sample random mini-batch of transition$(s_t^i,a_t^i,\Delta r_t^i,s_t^i)$ from D
18.   Update the network parameters θ
19. $L_i(\theta_i)=E_{(s,a,r,s')\sim D(M)}\big[(r+\gamma\max_{a'}Q(s',a';\theta_i^\sim)-Q(s,a;\theta_i))^2\big]$
20.   Every C steps update $Q^\sim=Q$
21.   **End For**

6.4　实验环境与参数设置

在实验中采用 100 个不同到达序列的作业集作为训练集,20 个作业集作为测试集(未出现在训练集中),每个作业集包含 100 个作业。作业是根据泊松分布依次到达,因此可通过调整作业到达率使得集群负载处于 10%～190% 范围。在每个训练回合,对同一个作业集进行 20 个作业回合的仿真实验,直到调度完所有作业,回合结束。迭代总次数为 1000 次,每训练 10 次即使用测试集对模型策略进行测试,记录测试作业集的作业平均完工时间、平均作业怠工和总回报值。对比实验采用经典启发式的短作业优先(Shortest Job First,SJF)算法、Tetris * 算法以及策略梯度算法 DeepRM。最后分析作业的怠工分布,来观察模型从经验中学习到的调度策略。所有的仿真实验以 Python 语言和 Tensorflow 深度学习框架作为实验平台。实验环境为 Win10 操作系统、Intel i7-7800X 处理器、16GB 内存,主频 3.50GHz、GTX 1080Ti 显卡。

实验中 DQN 模型参数如表 6-1 所示。

表 6-1　DQN 训练模型参数

算 法 参 数	参 数 值	算 法 参 数	参 数 值
训练次数	1000	贪婪因子 ε 初始值	0.5
学习率	0.001	贪婪因子 ε 最大值	0.9
折扣因子	0.95	每回合 ε 增幅	0.001
目标网络更新间隔	100	作业回合数	20
经验池规模	30000	Mini-batch	32

实验中卷积神经网络模型参数设置如表 6-2 所示。

表 6-2　网络参数

网 络 层	卷 积 层	最大值池化层	全 连 接 层
输入规模	180×20	178×18	89×9
卷积核规模	2×2	2×2	—
步长	(1,1)	(2,2)	—
卷积核数	8	—	—
激活函数	ReLU	—	—
输出规模	178×18	89 * 9	21

6.5　实验结果与分析

本节将通过实验分析对比本章采用的 DQN 算法与经典启发式的短作业优先 SJF 算法、Teris * 算法以及策略梯度算法 DeepRM 在优化作业平均完工时间和作业平均怠工的效果。实验结果如下：

（1）实验结果如图 6-2 所示，相较于采用 DeepRM，采用 DQN 算法曲线收敛速度更快、更稳定，且最后收敛的作业平均完工时间降低了 5.2%。在整个训练过程中，前 100 个迭代回合，DQN 和 DeepRM 曲线振荡均较剧烈、不稳定，且平均作业完工时间大于启发式 SJF 算法与 Teris * 算法。在训练 200 个回合后，曲线逐渐趋于稳定，且作业完工时间明显低于 SJF 算法和 Tetris * 算法，最终趋于收敛。

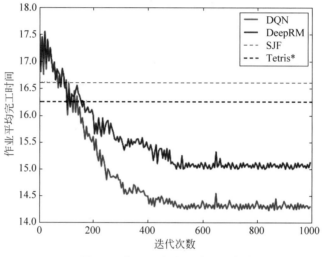

图 6-2　作业平均完工时间曲线

（2）如图 6-3 所示的曲线表示，随着训练进行，每个训练回合智能体完成调度任务

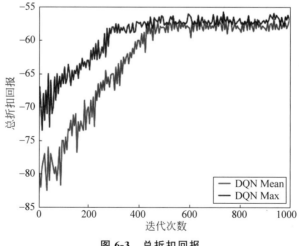

图 6-3　总折扣回报

所获得的平均总回报和最大总回报不断增大直至收敛,平均回报曲线逐渐向最大回报曲线靠拢并收敛。在收敛性上与图 6-2 中的作业完工时间曲线具有同步性,表明在调度策略朝着目标不断学习优化的过程中,智能体获得的回报值不断增加。

(3) 图 6-4 表示了 4 种算法在不同负载下的平均作业怠工变化趋势对比,可以看出,在低负载的情况下,不同算法之间的变化差异不大,当负载达到或超过 90% 时,可以清楚地观察到 DeepRM 和 DQN 算法的平均作业怠工变化率较小,并且结果明显低于启发式算法 SJF 和 Tetris＊。图 6-5 表示在负载达到 130% 时,DQN 和 DeepRM 算法在训练次数达到 200 回合后,开始趋向于收敛,且收敛的结果小于 SJF 和 Tetris＊。同时,DQN 收敛速度快于 DeepRM,且获得了更小的平均作业怠工。

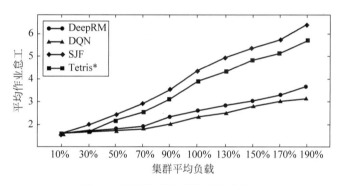

图 6-4　不同负载下的平均作业怠工

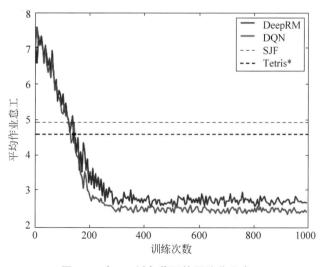

图 6-5　在 130% 负载下的平均作业怠工

（4）图 6-6 表示了实验结果中不同持续时间的作业的平均作业怠工区间分布。如图所示，采用算法 Tetris * 的短作业的平均作业怠工明显大于长作业，但采用 DQN 和 DeepRM 算法调度的短作业平均作业怠工明显小于长作业。算法 Tetris * 的调度策略趋向于充分利用有效资源去部署更多的作业，因此，当作业负载相对较大时，短作业必须等待资源的释放，无法在短时间内被调度。由作业怠工的定义可知，在相同的等待时间情况下，短作业的作业怠工远远大于长作业。另外，在实验作业集中短作业数量占据较大的比例，因此使得全部作业的平均怠工较大。DQN 和 DeepRM 从经验学习到调度策略，若减少短作业的怠工，将有利于减少全部的作业怠工，因此在调度过程中，调度策略会偏向于将资源配置给短作业，减少短作业的作业怠工，最终使得全部作业的平均怠工减少。

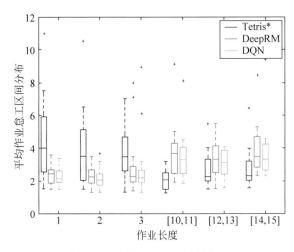

图 6-6　平均作业怠工区间分布

6.6　小结

本章提出了一种基于深度强化学习 Deep Q-network 算法模型来解决多资源云作业调度问题，该算法模型能够根据优化目标，直接从经验中学习资源调度最优策略，在性能上优于多数经典的启发式算法，相较于标准策略梯度算法效果更好，收敛速度更快。

第 7 章

基于深度强化学习的多数据中心云作业调度

针对复杂瞬变的多用户多队列多数据中心云计算环境中作业调度困难的问题,提出一种基于深度强化学习的作业调度方法。建立了云作业调度系统模型及其数学模型,并建立了由传输时间、等待时间和执行时间 3 部分构成的优化目标。基于深度强化学习设计了作业调度算法,给出了算法的状态空间、动作空间和回报函数。设计与开发了云作业仿真调度器,以完成作业的仿真调度。仿真结果表明,与随机调度、轮转调度、首次适应、最佳适应等基准算法相比,本章提出的算法能够有效降低作业的整体完工时间。

7.1 引言

"云计算"是近年兴起的一种新商业模式,它通过构建拥有强大计算能力的计算资源池,为企业、组织或个人提供弹性计算、带宽等资源服务,能够满足不同用户的需求。根据对外提供服务的不同,云计算体系结构被分为 IaaS、PaaS 和 SaaS 3 种不同的服务模式,其中 IaaS 应用最为成熟和广泛。在 IaaS 服务模式中,由于云计算平台中资源的异构性、作业的多样性、服务质量的差异性以及用户数量的巨大性,使得云计算系统要处理大量的作业和数据。在这种情况下,尤其是业务较多的集团公司,单独部署一台虚拟机容易使虚拟机服务器过载,造成作业响应速度过慢,加大了 SLA 违规的风险。为此,云服务提供商和用户倾向于使用多用户多队列多虚拟机集群的服务模式。同时,大规模数据中心是当今企业级互联网应用和云计算系统的关键支撑。在这种数据中心架构中,为了提高数据处理的灵活性与可靠性,用户通常将虚拟机部署在不同的数据中心。按照这种部署模式,不同的作业调度算法会带来不同的作业完成效果,例如作业的响应时间、优先级保证等。因此,如何选择最优的虚拟机来部署用户的作业,成为在该模式下进行作业调度时要解决的重要问题。

针对云计算的作业调度优化问题,众多学者以及机构展开了多方面的研究。Verma 等提出了一种基于非优势排序的混合粒子群优化算法,以处理 IaaS 云上具有多个相互冲突目标函数的云作业工作流调度算法,解决了 IaaS 云科学工作流调度的多目标优化问题。Duan 等提出了一种 PreAntPolicy 虚拟机调度方法,该方法由两个主要部分组成,分别为基于分形数学的预测模型和基于改进蚁群算法的调度器。预测模型通过预测负载趋势来协助调度器进行更加合理的调度。Srichandan 等提出了一种结合遗传法和细菌觅食算法的作业调度算法,在保证服务水平协议定义的约束下实现高效的作业调度。李强等将光能量函数作为植物生长的动力来提升模拟植物生长算法的性能,提出了一种可变生长速度的植物模拟算法来实现云作业的调度策略,获得了比蚁群法、粒子群算法等经典云作业调度算法更高的调度效率。但是传统的启发式算法需要在特定的条件下才能获得最优解。但在面对复杂多变的云环境时,该算法通用性不强,而且在多目标优化问题的求解过程中容易陷入局部最优解,无法得到全局最优解。

因此,有研究人员采用强化学习方法来解决云作业调度问题。强化学习(Reinforcement Learning,RL)作为一种无模型的学习方法,具有强大的决策能力,其通过不断试错机制来探索解决问题的最优解,是解决多约束多目标优化问题的有效手段。Peng 等采用强化学习 Q 算法和队列理论来解决复杂云环境下的作业调度和资源配置问题。他们将调度问题转化为序列决策问题,然后采用 RL 的试错机制,探索最优的调度策略。Cui 等提出了一种基于强化学习的新型作业调度方案,采用多智能体技术与并行技术来平衡学习过程中的探索和利用,实现了在虚拟机资源和作业期限约束下最大限度地缩短作业的完工时间和平均等待时间。袁景凌等针对异构云环境多目标优化调度问题。设计了一种层次分析法(Analytic Hierarchy Process,AHP)定权的多目标强化学习作业调度方法,较好地优化了作业执行效率,并保障了用户及服务提供商的利益。虽然强化学习算法能通过不断学习来获取云作业调度优化问题的最优解,但在大规模的状态空间下,强化学习算法容易出现收敛速度慢,甚至不收敛的情况。深度神经网络具有强大的感知能力,能够有效解决大规模状态空间问题,很好地弥补了强化学习的不足。

Lin 等提出了一种多智能体两阶段云作业调度与资源分配框架,实现了作业与资源之间的协同调度,其中作业调度阶段使用异构分布式深度学习模型将多个作业调度到多个数据中心。郭玉栋等通过分析影响云作业调度相关资源的特点,建立基于综合资源利用的特征模型,然后基于 Hopfield 神经网络(Hopfield Neural Network,HNN)技术设计和实现了云作业调度算法。Rangra 等提出了一种基于多任务卷积神经网络的云作业调度算法,实现了作业执行时间与执行成本之间的平衡。深度学习作为一种监督学习,通过大量的训练能够学习到如何根据作业的特征进行优化调度。但是,这种调度策略本质上是离线或静态的调度,比较适用于批量处理的作业提交方式。而云计算环境瞬息万变,更多的是面对在线或动态作业,在这种情况下,深度学习因其缺乏动态决策能力而无法进行有效应对。

强化学习具有强大的决策能力,而深度学习具有强大的特征获取能力,有学者尝试将它们结合起来进行优势互补,形成了深度强化学习,用来解决云环境下作业的在线调度。Guo 等提出了一个名为 DeepRM_Plus 的云资源管理方案,使用卷积神经网络来捕获资源管理模型,并在强化过程中利用模仿学习来减少最优策略的学习时间,提高了算法的收敛速度,减少了平均循环时间和平均加权周转时间。Peng 等提出了一个基于深度强化学习的云作业与资源调度框架,该框架协同考虑了用户与云服务提供商双方的利益均衡,并且可以通过调整相应的优化权重实现对不同目标的优化。Lin 等结合卷积神经网络的感知力和强化学习的决策能力,提出了结合深度卷积网络强化学习优点的云资源调度模型,该模型将云系统的资源和任务资源抽象成图像的形式,作为卷积网络的输入,输出调度策略,实现了云系统的多资源云作业调度。

在上述有关深度强化学习的研究中,主要从多目标优化的角度进行云作业调度算法的设计与改进。但是云环境中作业的种类、用户数量、调度的批量、计算资源使用情况等均是变化的,需要根据变化情况采用不同的调度策略。为此,本章提出一种基于深度强化学习的云作业调度算法,实现多用户多队列多数据中心下作业的优化调度。

本章共分为 5 部分:7.2 节介绍多用户多队列多数据中心的系统模型,并建立数学模型及优化目标;7.3 节介绍基于深度强化学习的云作业调度算法的状态空间、动作空间、回报函数,并设计相应的作业调度算法;7.4 节为仿真平台的设计;7.5 节为仿真实验及结果分析;7.6 节为小结。

7.2　系统模型

假设某大型公司计划组建一个虚拟机计算集群,为了提高集群的稳定性和灵活性,避免出现单一数据中心带来的可靠性风险,将组成计算集群的虚拟机分别部署到若干数据中心。当公司的虚拟机服务器部署好后,公司的用户就可以将作业提交到虚拟机中进行处理。为便于进行问题描述,将系统模型进行细化,如图 7-1 所示。

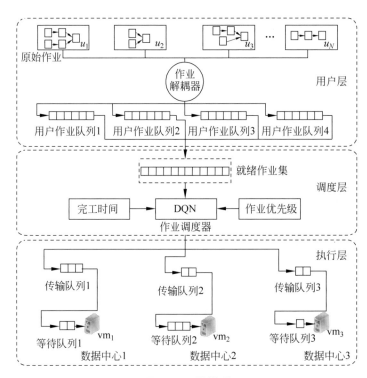

图 7-1　系统模型

如图 7-1 所示为一个拥有 4 个具有不同优先级的用户作业队列的作业提交系统模型。用户将种类各异的作业提交到虚拟机服务器进行部署运行。用户作业中包含原子作业,也包含拥有多个存在依赖关系的子作业。所以云系统接收到用户提交的作业后,首先需要对作业进行子作业解耦,按照子作业之间的依赖性和优先级组织成多个作业队列。作业调度器负责将不同队列中的作业部署到虚拟机中,尽可能充分利用可用虚拟机资源对作业进行处理,提高服务质量,如最小化作业完工时间和保证作业优先级等。在调度时刻,各个作业队列中按照先来先服务的规则,取出批量作业来组成就绪作业集,作为调度器的调度单位。在此模型中,作业的完工时间主要由执行时间、等待时间和传输时间 3 部分组成。

假设有 N 个用户需要将作业提交到数据中心进行处理,这些有计算任务的用户用集合 $\{u_1,u_2,\cdots,u_N\}$ 表示。用户 u_k 提交作业的数量用 $\phi(u_k)$ 表示,其第 i 个作业用二元组 $J_i^k=(D^k(i),L^k(i))$ 来表示,其中 D^k 表示 J_i^k 需要传输的数据量,$L^k(i)$ 为 J_i^k 的长度。本章设 $D^k(i)$ 是一个随机变量并服从均匀分布,即 $D^k(i)\in(D_{\min},D_{\max})$,其中,$D_{\min}$ 和 $D_{\max}$ 分别表示作业数据量的最小值和最大值。另外,假定每个作业长度与作业数据量线性相关,即

$$L^k(i)=\mu\times D^k(i) \tag{7.1}$$

其中,μ 表示计算力与数据量的比率(Computation to Data Ratio,CDR),其取值取决于作业的类型,不同类型的作业有不同的 CDR。

由于虚拟机的 CPU 和带宽是影响作业响应时间的最主要因素,为简单起见,这里只考虑这两种资源。假设用户在 S 个数据中心中部署有 S 台虚拟机,用集合 $\{vm_1,vm_2,\cdots,vm_s\}$ 来表示,其第 s 台虚拟机用二元组 $vm_s=(R_s^{cpu},R_s^{bw})$ 表示,其中 R_s^{cpu} 表示该虚拟机的计算能力,通常用 MIPS(Million Instructions Per Second)来表示,R_s^{bw} 表示该虚拟机的带宽。在获得作业和虚拟机的二元组后,便可以建立多用户多数据中心场景下用户作业响应时间的计算模型。

假设作业 J_i^k 被调度到虚拟机 vm_s 执行,则 J_i^k 的执行时间、传输时间和等待时间计算方式如下:

(1) 作业执行时间。

假设在时间步 t,vm_s 上共有 M_t^s 个作业同时在执行,采用平均分配的原则将 vm_s 的 MIPS 分配给此 M_t^s 个作业。令 $C_t^{J_i^k}(s)$ 为作业 J_i^k 在时间步 t 所获得的 MIPS,则

$$C_t^{J_i^k}(s)=\frac{R_s^{cpu}}{M_t^s} \tag{7.2}$$

令 J_i^k 的执行时间记为 $t_{i,e}^k$,则

$$t_{i,e}^k=\sum_{t=t_s}^{t_e}\frac{L^k(i)}{C_t^{J_i^k}(s)} \tag{7.3}$$

其中,t_s 为作业开始执行的时间步,t_e 为作业结束执行的时间步。

（2）作业传输时间。

在作业传输过程中，虚拟机的带宽资源同样采用均等分配策略，将带宽资源平均分配给当前各个作业提交的用户。假设在时间步 t，共有 N_t^s 个作业正在向虚拟机 vm_s 传输作业，令 $B_t^{J_i^k}(s)$ 为作业 J_i^k 在时间步 t 所获得的带宽资源，则

$$B_t^{J_i^k}(s) = \frac{R_s^{bw}}{N_t^s} \tag{7.4}$$

作业 J_i^k 向虚拟机传输数据所需要的时间记为 $t_{i,t}^k$，则

$$t_{i,t}^k = \sum_{t=t_s}^{t_e} \frac{D^k(i)}{B_t^{J_i^k}(s)} \tag{7.5}$$

其中，t_s 为作业开始执行的时间步，t_e 为作业结束执行的时间步。

（3）作业等待时间。

当虚拟机计算能力不足时，提交的作业将进入虚拟机的等待队列，令 $t_{i,w}^k$ 为作业的排队时间，表示在 J_i^k 之前进入等待队列正在等待执行的作业的执行时间总和，则

$$t_{i,w}^k = \sum_{J_i \in Q} t_{j,e} \tag{7.6}$$

其中，Q 表示在 J_i^k 之前进入队列并正在等待执行的作业集合。

（4）作业完工时间。

记 J_i^k 的完工时间为 T_i^k，则

$$T_i^k = T_{i,e}^k + T_{i,t}^k + T_{i,w}^k \tag{7.7}$$

由式（7.3）、式（7.5）和式（7.6）即可计算式（7.7）的结果。

（5）优化目标。

将作业合理地提交到不同数据中心的虚拟机服务器，对用户来说，要尽可能减少作业的完工时间，提高作业的响应速度。令 D 表示由作业集 J 所有调度策略组成的集合，T 表示所有时间步的集合，则本章研究问题的优化目标可以形式化定义如下：

$$\min_{d \in D} \sum_{J_k^k \in J} T_i^k$$

s.t.

$$\forall t \in T, \quad \sum C_t^{J_k^k} = R_s^{cpu}$$

$$\forall t \in T, \quad \sum B_t^{J_k^k} = R_s^{bw}$$

$$1 \leqslant k \leqslant N, \quad 1 \leqslant i \leqslant N^k \tag{7.8}$$

这是一个多约束条件下目标优化问题,而且在每个时间步云系统的状态是动态变化的,因此求解变得十分困难。下面研究如何对该优化问题进行求解。

7.3　作业调度

在数据中心中部署好虚拟机之后,各个用户就可以源源不断地将作业提交到虚拟机进行处理了。作业调度器在每个调度时刻将就绪作业集中的作业发送给不同数据中心的虚拟机服务器执行。

在分布式数据中心中部署作业的问题是 NP 难问题,加上用户作业种类、数量以及虚拟机的运行状态均不断变化,问题求解更为复杂。深度学习是目前人工智能研究的一个热门领域。深度学习是数据驱动的机器学习方法,它根据已有历史数据来推测将来某一事件发生的概率,相对机械和静止,不太适用于云计算环境中动态的用户作业调度。强化学习则是根据当前时刻与上一时刻的状态和动作,推断下一时刻某动作发生的概率,是不断变化的连续过程,能够进行作业动态调度决策。但是,由于云计算环境复杂以及状态连续变化,离散化后状态空间集合也很大,此时传统的强化学习方法,例如 Q 学习,难以在内存中维护庞大的 Q 表。深度强化学习使用神经网络代替 Q 表以及经验回放机制解决训练样本问题,结合了强化学习的决策能力和深度学习的感知能力,是解决复杂感知决策问题的有效办法,目前广泛用于游戏、机器视觉等领域。DQN (Deep Q Network)是最常用的深度强化学习框架,我们将使用 DQN 来解决本章问题。下面给出 DQN 算法的状态空间、动作空间、回报函数的表示方法以及算法的具体过程。

（1）状态空间。

本章问题的目标是最小化用户作业的完工时间,同时考虑到将作业调度到不同的虚拟机会引起虚拟机状态的变化,并影响作业的完工时间,因此,将虚拟机的状态形式化表示为环境的状态,主要由虚拟机可用 CPU 核心数量、传输队列数列和等待队列数量 3 部分组成。具体表示如下:

$$s_t = (\mathrm{vm}_1^{\mathrm{rpe}}, -\mathrm{vm}_1^{\mathrm{wqu}}, -\mathrm{vm}_1^{\mathrm{tqu}}, \mathrm{vm}_2^{\mathrm{rpe}}, -\mathrm{vm}_2^{\mathrm{wqu}},$$
$$-\mathrm{vm}_2^{\mathrm{tqu}}, \cdots, \mathrm{vm}_m^{\mathrm{rpe}}, -\mathrm{vm}_m^{\mathrm{wqu}}, -\mathrm{vm}_m^{\mathrm{tqu}}) \tag{7.9}$$

其中,$\mathrm{vm}_i^{\mathrm{rpe}}$ 表示为第 i 个虚拟机剩余可用的 CPU 核心数量,$\mathrm{vm}_i^{\mathrm{wqu}}$ 表示为第 i 个虚拟

机等待队列数量, vm_i^{tqu} 第 i 个虚拟机传输队列数量。

（2）动作空间。

作业调度器的任务是为就绪作业选择合适的虚拟机部署执行,假设虚拟机的个数为 m,则动作空间表示为 $A = \{a_1, a_2, \cdots, a_m\}$,表示本批作业提交到哪台虚拟机处理。采用二进制独热码的形式表示,例如, $a_t = (0,0,1,0)$ 表示本批作业选择部署到第 3 台虚拟机; $a_t = (1,0,0,0)$ 表示本批作业部署到第 1 台虚拟机。

（3）回报函数。

回报函数的设计是极为重要的一环,通过对智能体的结果给予具体化和数字化的回报,引导智能体生成动作策略。回报函数的设计是否合理将决定智能体能否学到期望的策略,并在训练过程中影响算法的收敛速度和最终的性能结果。鉴于本阶段的优化目标为最小化作业调度的整体完工时间,在虚拟机性能相差不大的情况下,如果调度到作业较多的传输队列和等待队列中,势必需要更长的传输时间和等待时间,从而影响作业的整体完工时间。因此,将回报函数定义为

$$R = -(\zeta \times Q^w + \xi \times Q^t) \tag{7.10}$$

其中, Q^w 为等待队列作业数量, Q^t 为传输队列作业数量, ζ 为等待时间系数, ξ 为传输时间系数。

（4）作业调度算法。

深度强化学习是一种试错学习机制。通过在云环境中不断探索,智能体可学习到好的调度策略。通常将所有作业执行完毕称为一个回合。在经过若干回合的学习训练后,回报函数应该趋于收敛。在每个回合中,智能体学习训练的过程如下:

步骤 1,重置云环境,包括初始化虚拟机、各用户队列,更新就绪作业集等,获得当前环境状态;

步骤 2,若系统资源利用率尚未达到规定的阈值,则生成一个选择动作;

步骤 3,从就绪作业集中调度一个批量的作业进入步骤 2,选择动作对应虚拟机的传输队列;

步骤 4,计算本次调度获得的回报值;

步骤 5,更新全局就绪作业集;

步骤 6,更新每台虚拟机的运行情况,若系统资源利用率尚未达到规定的阈值,则进入下一步骤,否则时间步向前走 1 步,继续执行步骤 6;

步骤 7,更新环境状态;

步骤8,判断所有作业是否已经完成,并记录在完成标记中;

步骤9,将当前状态、回报值和完成标记保存到记忆池;

步骤10,累计回报值,若已经完成,则转步骤11,否则转步骤2;

步骤11,若记忆池中样本数量已经达到规定的阈值,则训练网络;

步骤12,记录当前回合的回报值,并统计每个作业的传输时间、等待时间和执行时间。

7.4　仿真实验平台设计

根据系统模型的工作流程以及作业调度算法,基于 Python 和 TensorFlow 设计了一个基于 DQN 的仿真实验平台进行实验验证,实验平台主要由以下几个模块组成。

(1)系统参数模块:主要功能为设置学习率、虚拟机数量及配置、调度作业批量大小、记忆池大小、训练回合数等环境参数、算法参数等。

(2)云环境模块:主要功能包括创建与管理虚拟机集合、创建与管理用户队列、创建与管理全局就绪作业集、更新状态空间、重置云环境、每个时间步执行、计算回报值、统计结果等。

(3)DQNAgent 模块:主要功能包括创建 DQN 网络、选择动作、学习训练、样本保存等。

(4)虚拟机模块:主要功能包括重置虚拟机、作业执行、虚拟机状态管理、运行情况统计等。

(5)云作业模块:主要功能是根据作业类型生成相关的作业集。

(6)数据可视化模块:主要功能是绘制实验结果图表,实现实验结果可视化。

各个模块之间的关系如图 7-2 所示。

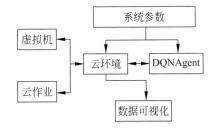

图 7-2　仿真平台各个模块之间的关系

7.5　仿真实验及结果分析

实验平台的具体参数为：用户数量为 4，用户作业队列数量为 4，资源利用率阈值为 0.9。实验用的作业集中包括 4 种作业类型，作业的数据传输量与计算量的比值包括 330Cycle/MB、1300Cycle/MB、1900Cycle/MB 和 2100Cycle/MB。实验时，生成作业的类型从 4 种作业类型中随机获取。

作业数据量最小值 D_{min} 取值为 10，作业数据量最大值 D_{max} 取值为 20，子作业间依赖性随机生成，总作业数为 200。在 6 个数据中心部署 6 台虚拟机，其计算能力、计算核心数和带宽如表 7-1 所示。

表 7-1　虚拟机配置表

序号	计算能力/cycle	核心数/个	带宽/Mbps
1	650	4	200
2	1850	8	300
4	2500	12	500
5	700	6	250
6	2050	10	400
7	1500	8	200

深度强化学习网络模型的参数包括有模型参数和超参数两种。模型参数通常是由数据来驱动调整，例如卷积核的具体核参数、神经网络的权重等。超参数则不需要数据来驱动，而是在训练前或者训练中人为地进行调整，例如，学习率、折扣因子等。超参数通常先按经验设定初始值，然后根据训练效果进行调优。

我们设计了一个有 2 个隐藏层的 DQN 网络：第 1 个隐藏层的神经元数量为 30，第 2 个隐藏层的神经元数量为 10。因为学习率直接控制着训练中网络梯度更新的量级，直接影响着模型的有效容限能力，因此在所有的超参数中，学习率最重要。图 7-3 给出了 DQN 算法在不同学习率（α）情况下的回报值。

从图 7-3 可以看出，当 $\alpha=0.1$ 和 $\alpha=0.05$ 时，回报值并没有随着训练的深入递增并最终趋于收敛。当 $\alpha=0.1$ 时算法的收敛效果最好。当 $\alpha=0.001$ 时，虽然算法也能收敛，但是收敛速度没有 $\alpha=0.01$ 时快。

折扣因子也是深度强化学习中一个重要的超参数。图 7-4 给出了 DQN 算法在不

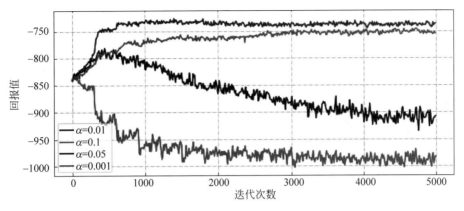

图 7-3　不同学习率情况下算法的回报值

扫码看原图

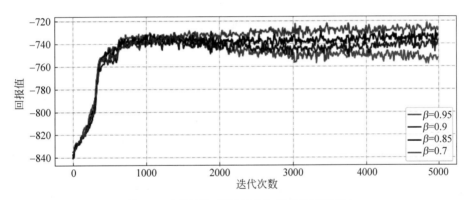

图 7-4　不同折扣因子情况下算法的回报值

同折扣因子(β)情况下的回报值。

从图 7-4 可以看出,折扣因子的变化对回报函数的影响并没有学习率那么明显。但是也可以看出,当 $\beta=0.9$ 时,回报函数更为平稳,能够较早收敛。

经过参数调优,提出的 DQN 网络的关键超参数具体如表 7-2 所示。

表 7-2　DQN 网络的关键超参数表

参　　数	值	参　　数	值
训练回合数量	5000	目标网络更新频率	300
学习率 α	0.01	初始 ε 值	0.2
折扣因子 β	0.9	最大 ε 值	0.9
样本池规模	500	ε 每回合增幅	0.002
批样本数	64	等待时间系数 ζ	0.5
隐藏层数	2	传输时间系数 ξ	1

（1）算法的收敛性验证。

首先考查训练过程中的虚拟机数量变化对算法收敛性以及收敛速度的影响。在本次实验中，每个时间步从用户作业队列进入就绪作业集的批量设置为9，虚拟机数量分别取值3、4、5、6，算法回报值的变化情况如图7-5所示。

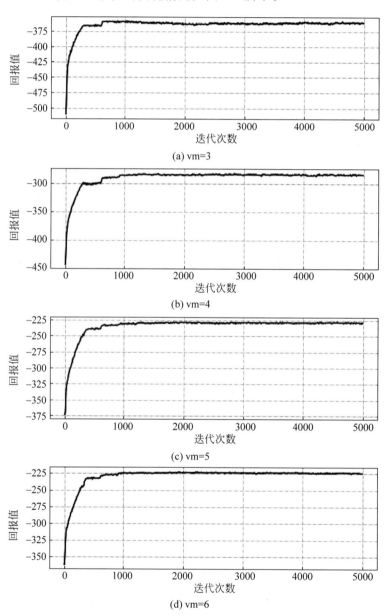

图 7-5　不同虚拟机数量情况下算法的回报值

从图 7-5 可以看出,随着训练的深入,智能体从环境中获得的总回报值不断增大,大约经过 1000 回合后开始趋于收敛。说明模型通过不断训练,学习到了可实现目标优化的策略。可以看出,随着虚拟机数量的增加,算法获得的回报值也相应增加,这是因为随着虚拟机数量的增加,用户作业获得的计算资源和网络资源将会增加,从而降低了作业的等待时间和传输时间。

然后考查调度作业批量变化对算法收敛性以及收敛速度的影响。在本次实验中,虚拟机数量设置为 4,每个时间步从用户作业队列进入就绪作业集的作业批量(batch)分别取值 6、8、10 和 12,算法回报值的变化情况如图 7-6 所示。

从图 7-6 同样可以看出,大约经过 1000 回合后算法开始趋于收敛。可以看出,随着批量的增加,算法获得的回报值有所降低,这是在计算资源和网络资源固定的情况下,批量的增加意味着调度到某虚拟机上面的作业数将会增加,在平均分配资源的前提下各作业获得的计算资源和网络资源将会减少,从而增加了等待时间和传输时间。此外,从图 7-6 中也可以看出,算法收敛曲线的波动性随着批量的增大而有所加大,这是由于作业已批量调度到某数据中心的服务器中,批量的增大意味着作业调度灵活性的降低,从而,收敛曲线的波动性有所增加。

(2) 算法的比较性验证。

下面本章算法与其他算法在全局完工时间方面的优化效果进行对比验证。采用的基准算法有随机算法(Rnd)、轮询算法(RR)、首次适应算法(FF)和最佳适应算法(BF)。随机算法选择动作时从可用虚拟机中随机选择一台进行作业部署。循环算法则按可用虚拟机顺序,依次循环部署。首次适应算法首先计算虚拟机剩余可用的核心数,然后按顺序查找剩余核心满足作业要求的虚拟机,并将作业部署到第一台满足条件的虚拟机上。最佳适应算法同样首先计算虚拟机剩余可用的核心数,然后将作业部署到剩余核心数满足作业要求并且数量最多的虚拟机上。

首先考查在不同虚拟机数量、相同批量条件下不同算法在作业完工时间方面的性能比较。本次实验中批量设置为 9,虚拟机数量分别设置为 3、4、5 和 6,实验结果如图 7-7 所示。

图 7-7 表示的是各个算法在第 3000～5000 回合的平均结果,其中 DQN 表示本章提出的算法。可以看出,在批量相同的情况下,随着虚拟机数量的增加,作业的总体完工时间相应减少,说明增加虚拟机资源可以有效降低作业的响应时间。也可以看出,上述几种虚拟机数量情况下,本章提出的算法的作业完工时间均小于其他基准算法,

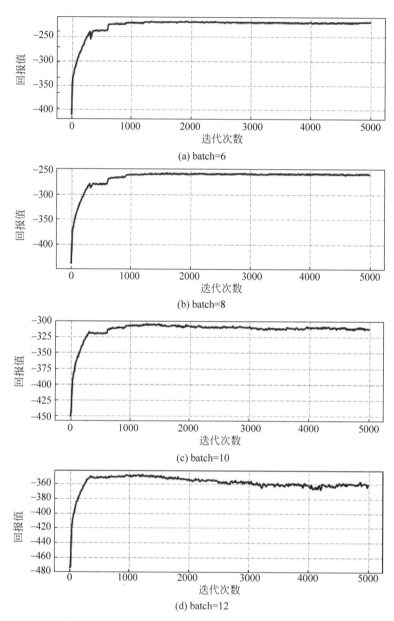

图 7-6　不同批量情况下算法的回报值

分别比随机算法、轮询算法、首次适应算法和最佳适应算法平均降低了 41.37%、28.68%、12.37% 和 9.04%。以上结果证明,在云资源竞争较大的情况下,本章提出的算法能够根据作业属性和系统资源状态来动态制定作业的调度策略,从而减少全局作

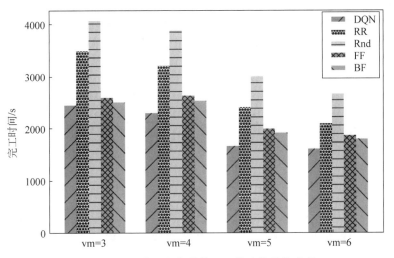

图 7-7　不同虚拟机数量情况下算法的性能比较

业完工时间。

接下来考查相同虚拟机数量、不同批量条件下各个算法在作业完工时间方面的性能对比情况。本次实验中虚拟机数量设置为 4,批量分别取值 6、8、10 和 12,实验结果如图 7-8 所示。

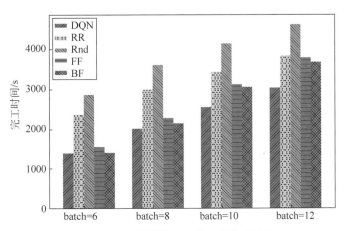

图 7-8　不同批量情况下算法的性能比较

图 7-8 表示的也是各个算法第 3000～5000 回合的平均结果。同样可以看出,在虚拟机数量相同的情况下,随着批量的增加,作业的整体完工时间也在增加,这是因为调度批量越大,每个作业平均得到的计算资源和网络资源将会越少,从而增加作业的等

待和传输时间,进而导致作业完工时间的增加。但是不管是何种情况,本章提出算法的作业整体完工时间均小于其他基准算法,分别比随机算法、轮询算法、首次适应算法和最佳适应算法平均降低了 42.30%、30.28%、15.15%和 10.18%。

7.6　小结

本章针对如何在分布式数据中心的虚拟机集群中选择最优虚拟机进行作业部署的问题,提出了基于深度强化学习的动态作业调度算法。算法通过深度强化学习模型感知虚拟机的运行状态,求得相应的作业优化调度策略,解决了由于用户作业类型、大小、虚拟机状态等动态变化导致用户作业动态调度困难的问题,取得了比随机算法、轮询算法、首次适应算法和最佳适应算法更好的优化效果。

自从以深度强化学习技术为核心的 AlphaGo 在 2016 年击败了人类高级围棋选手之后,深度强化学习受到人们的广泛关注和研究,目前在自动驾驶、控制论、理解机器学习、智能推荐等工智能领域有着广泛应用。这些应用通常需要云计算和大数据的支持,因此数据中心作业的高效调度就显得尤为重要。目前的研究工作只是针对多用户多队列多数据中心环境的在线作业调度,如何实现在线作业和离线作业混合调度是接下来的主要研究目标。

第 3 篇　虚拟化资源调度

第 8 章

基于强化学习的云计算

资源分配研究

资源管理作为云计算技术的核心课题之一,采用虚拟化技术屏蔽底层资源的异构性和复杂性,将大规模分布式资源虚拟化成统一的巨型资源池。因此,如何有效地管理云计算资源成为了一个具有挑战性的研究课题。通过对云计算环境下用户工作执行过程的分析,提出了一种基于强化学习和排队论的资源配置算法。算法首先引入分段服务等级协议和单位时间成本两个衡量指标;其次将云计算环境下的资源配置问题抽象为序贯决策问题;最后设计了优化目标函数并采用强化学习寻找最优资源分配策略。实验结果不仅证明了本章算法的有效性,而且在 SLA 冲突率和用户费用两个指标上优于常用的资源分配方法。

8.1 引言

云计算的理念生动体现了互联网时代的信息服务特点,同时云计算所追求的愿景也为当下信息技术带来了新的挑战。作为云计算的重要应用研究,数据中心正推动一系列的技术创新来实现云计算的按需提供、弹性可扩展以及海量数据存储等关键特性。面向云计算的数据中心广泛采用虚拟化技术实现应用与物理资源的解耦合,应用以虚拟机为封装单元,与其他应用共享同一物理机器的各种资源。因此数据中心资源调度的实体由粗粒度的服务器转化为细粒度的虚拟机。虽然虚拟化为数据中心提供了便利,但与此同时虚拟机的资源配置和调度对数据中心基础设施的高效管理提出了更多的挑战。

资源管理是云计算的核心问题之一,其目的是利用虚拟化技术屏蔽底层资源的异构性和复杂性,使得海量分布式资源形成了一个统一的巨型资源池,并在此基础上,合理运用相关资源管理方法和技术,确保资源的合理、高效分配和使用。因此,如何实现对云计算资源的有效管理成为一个富有挑战性的研究课题。

云计算资源管理的挑战主要表现为以下 3 个不均衡:

其一,应用需求的不均衡。云计算应用包含了各类工作负载行为,从控制密集型(搜索、排序和分析等)到数据密集型(图像处理、模拟和建模、数据挖掘等)。此外,还包括计算密集型应用(迭代方法、数值方法和金融建模等)。各种应用的吞吐量严重依赖于虚拟机资源的配置,没有一种配置方式能让所有类别的工作负载都取得最优的运行效率,而且,大部分应用都包含多种工作负载的特征。例如,控制密集型应用需要更多的 CPU 资源来进行分支预测,而数据密集型应用则需要更多的内存资源以避免频繁的读写操作。云计算环境的多租户场景允许异构应用共享数据中心的资源池,每个应用对资源的需求是多元的,这使得服务器的承载效率不便衡量,即使同一服务器内不同类型的资源也容易出现不均衡的现象,进而影响资源使用效率。在云计算场景下,这一问题不是进行需求预测和合理购机可以解决的,而是需要提出合理的资源调度策略才能进一步解决异构应用与统一资源池共享的新矛盾。

其二,应用时间的不均衡。现实中数据中心的服务器利用率仅为 5%~20%,许多服务器的峰值工作量比平均值要高 2~10 倍。除了每天不同时段服务负载不同,大多数服务器还有季节性或其他周期性的负载需求变化(例如,电子商务网站在 12 月圣诞节前的销售高峰或者照片处理网站在假期后的高峰),同时还有一些突发事件(如新闻)导致的变化。

很少有用户部署系统低于峰值需求,这就导致了非峰值时间资源的浪费。负载的波动性越强,导致的资源浪费就越多。在云计算场景下,这一问题不能通过静态配置的方式解决。同时虽然云计算中的虚拟机具有隔离特性,但在系统实际运行过程中,各虚拟机之间仍然会由于资源竞争产生无法避免的相互干扰,从而影响整个云计算系统的性能。

其三,应用分布不均衡。对负载均衡来说,云计算环境中负载均衡器管理的节点服务器不是固定的物理机器,而是云中的虚拟机,这就要求负载均衡器具备根据当前的用户访问情况动态调整服务器集群的能力,从而避免造成资源浪费和出现当前资源无法满足用户请求的情况。学术界的研究虽然在不同程度上涉及了负载的趋势预测和资源的弹性分配问题,但仍然存在不足。综合学术界和业界研究现状,此项研究尚存在如下不足：

（1）灵活性不够，没有从面向服务的角度考虑提供资源的动态部署，不能充分体现云计算弹性、按需使用资源的特性。

（2）不支持趋势预测，不同程度地存在资源分配明显滞后的问题，影响用户体验，严重时甚至无法满足部分用户请求。

综上所述，数据中心必须解决资源复用、关联、动态管理等问题，虚拟化资源高效动态调度是实现资源优化调度的核心，是各类资源服务系统最终能为用户提供合适的、满意的资源的关键所在。

8.2　研究现状

云计算环境下的资源动态管理是指对资源实施动态组织、优化分配、协调和控制的过程。它不仅要支持跨组织或管理域的任务调度，实时监控资源和作业执行的状态，而且要维护局部的站点自治，提供相应的 QoS 支持，是资源管理的高级形态，是云计算环境下资源管理系统的核心组件，目的是屏蔽底层资源的异构性和复杂性，将云计算中分布式海量资源管理起来，实现资源的有效控制，提高资源的利用率，为云计算作业分配合理的资源，实现负载平衡。

自云计算概念提出以来，云计算资源动态调度作为云计算领域最主要的研究内容，现有的研究工作从各个侧重点进行尝试，期望获得具有普遍意义的研究结果，但由于搭建平台的异构性、接口的互不兼容、底层物理资源的差别等因素的影响，各种研究工作之间的结果也具有较大的差异，彼此之间很难进行对比分析。

Gao 等针对云数据中心能耗和性能混合优化问题，设计了一种动态资源分配策略，通过动态的电压、频率调整和服务担保，降低了能耗，提高了应用层性能。Suresh 等设计了一种基于 $M/G/1$ 队列理论的资源分配算法，该算法通过云资源的回收机制，能够根据作业到达率的变化确保用户作业响应时间满足要求。Nan 和 Huynh 等的相关工作也被扩展到多媒体云和大规模 Web 服务中。Nan 等针对多媒体云中的资源管理问题，采用优化方法和队列理论，通过理论分析和仿真验证了资源花费和响应时间最小化问题。Yu 等设计了一种动态资源分配算法以抵抗分布式拒绝服务攻击。Salah 和 Khazaei 等设计了一种嵌入式马尔可夫链模型以评估云系统性能。Wada1 等设计了一种多目标遗传算法以解决 SLA 敏感的服务优化调度问题。Bourguiba 等针对网络传输瓶颈和数据包传输延迟,设计了一种数据包聚合算法,以实现吞吐量和数据包延迟之间的均衡。Luo 等针对突发业务请求和能量消耗问题,使用马尔可夫链和队列理论设计了一种虚拟机合并算法。Jiang 等针对云备份优化问题,采用 2 个决策参数和有限资源队列理论确保云平台服务质量。

综上所述,本章以队列理论建立云计算系统模型,并以强化学习作为优化工具进行数据中心资源动态调度。

8.3　系统模型

8.3.1　云计算平台架构

本节将详细介绍本章采用的云计算平台架构,如图 8-1 所示,该架构各部分的主要功能描述如下:

用户接口(Users Interface,UI)——用户接口的主要功能有接收用户作业请求,并依据作业调度算法将用户作业分配到相应的虚拟机集群上,接收作业执行结果并返回给用户。

虚拟机(Virtual Machine,VM):负责具体的作业执行,虚拟机从作业排队队列中依次取出一个用户作业进行执行,将执行结果反馈到平台接口并取出下一个用户作业进行执行。每个虚拟机配备一个性能监控智能体(Performance Monitor Agent,PMA)和一个资源监控智能体(Resource Management Agent,RMA)。PMA 负责监测整个虚拟机的性能指标,包括响应时间、吞吐率、资源利用率等。RMA 负责虚拟机内资源的管理,主要包括 CPU、内存、带宽等数据中心资源的动态调度。

虚拟机集群(Virtual Machine Cluster,VMC):执行相同作业类型的若干台虚拟机构成一个虚拟机集群,每一个虚拟机集群内的虚拟机特别设计,使其对某种作业类型具有最高的运行效率。每个虚拟机集群配备一个虚拟机集群智能体(Virtual Machine Cluster Agent,VMCA),负责 VM 实例的生成、管理以及注销。例如,当用户作业到达率增大,当前虚拟机集群内的虚拟机已不能满足 QoS 或 SLA 时,VMCA 需要增加虚拟机集群内的虚拟机台数以提高虚拟机集群的吞吐量;反之,则注销虚拟机集群内的部分虚拟机以降低能源消耗。

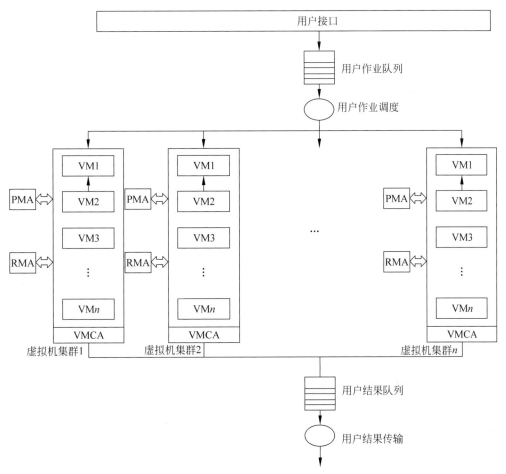

图 8-1 基于多智能体和虚拟机集群的云资源调度平台模型

8.3.2 作业响应时间

根据系统模型和用户作业执行流程,用户作业的总响应时间取决于作业排队时间(Job Queueing Time,JQT)、作业执行时间(Job Execution Time,JET)和作业传输时间(Job Transfer Time,JTT)等之和。

根据经典队列理论,假设整个云计算平台作业到达率为 λ,则虚拟机集群 i 内的第 j 台虚拟机的到达率为 λ_{ij},该虚拟机的服务率为 μ_{ij},则分配到该虚拟机的用户作业平均排队时间(JQT)为

$$JQT = \frac{\rho_{ij}}{\mu_{ij}(1 - \rho_{ij})} \tag{8.1}$$

式中，$\rho_{ij} = \dfrac{\lambda_{ij}}{\mu_{ij}}$。

其概率密度函数为

$$f_{\mathrm{JQT}}(t) = (1-\rho_{ij})\delta(t) + \mu\rho_{ij}(1-\rho_{ij})\mathrm{e}^{-\mu_{ij}(1-\rho_{ij})t}, \quad t \geqslant 0 \tag{8.2}$$

类似地，作业执行时间（JET）和作业传输时间（JTT）可分别表示为

$$\mathrm{JET} = \frac{1}{\mu_{ij}} \tag{8.3}$$

$$\mathrm{JTT} = \frac{D_{ij}/B_{ij}}{1-\lambda_{ij}D_{ij}/B_{ij}} \tag{8.4}$$

式中，D_{ij} 为用户作业大小，B_{ij} 为每个用户分配的带宽资源。

作业执行时间（JET）和作业传输时间（JTT）的概率密度函数分别为

$$f_{\mathrm{JET}}(t) = \mu_{ij}\mathrm{e}^{-\mu_{ij}t}, \quad t \geqslant 0 \tag{8.5}$$

$$f_{\mathrm{JTT}}(t) = \frac{B_{ij}}{D_{ij}}\mathrm{e}^{-\frac{B_{ij}}{D_{ij}}t}, \quad t \geqslant 0 \tag{8.6}$$

则对于调度到该虚拟机集群的用户作业，总响应时间为

$$\begin{aligned} T_{\mathrm{tot}} &= \mathrm{JQT} + \mathrm{JET} + \mathrm{JTT} \\ &= \frac{\rho_{ij}}{\mu_{ij}(1-\rho_{ij})} + \frac{1}{\mu_{ij}} + \frac{D_{ij}/B_{ij}}{1-\lambda_{ij}D_{ij}/B_{ij}} \end{aligned} \tag{8.7}$$

本章用到的主要符号及含义如表 8-1 所示。

表 8-1　本章用到的主要符号及含义

符号	含　　义	符号	含　　义
UI	用户接口	JET	作业执行时间
UJQ	用户作业队列	JTT	作业传输时间
UJS	用户作业调度	QoS	服务质量
UJT	用户作业传输	SLA	服务等级协议
VM	虚拟机	SSLA	分段服务等级协议
VMC	虚拟机集群	UUTC	单位时间费用效用
VMCA	虚拟机集群智能体	MDP	马尔可夫决策过程
PMA	性能监测智能体	PDF	概率密度函数
RMA	资源管理智能体	ML	机器学习
JRT	作业响应时间	RL	强化学习
JQT	作业排队时间	λ	云计算平台作业到达率

续表

符　号	含　　义	符　号	含　　义
λ_{ij}	第 i 个虚拟机集群中第 j 台虚拟机上的作业到达率	D_{ij}	用户作业执行结果大小
μ_{ij}	第 i 个虚拟机集群中第 j 台虚拟机上的作业服务率	B_{ij}	用户作业分配的带宽资源

8.3.3　分段 SLA

整个云计算平台的最主要的性能指标响应时间,通常使用 QoS 或 SLA 进行约束。为了实现云计算平台的资源精确调度,这里根据用户作业在云计算平台中的执行顺序将 SLA 进行划分。用户作业在云计算平台运行时,资源调度策略能根据用户作业的不同运行阶段进行资源分配,如图 8-2 所示,确保作业执行过程中的每一阶段都遵守 SLA 约束,即

$\mathrm{JQT} \leqslant \mathrm{SLA_{JQT}}$:表示作业排队时的分段 SLA 约束;

$\mathrm{JET} \leqslant \mathrm{SLA_{JET}}$:表示作业执行时的分段 SLA 约束;

$\mathrm{JTT} \leqslant \mathrm{SLA_{JTT}}$:表示作业传输时的分段 SLA 约束;

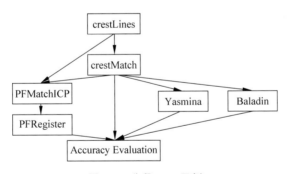

图 8-2　分段 SLA 示例

分段 SLA 的引入可以有效提高整个云计算平台的 QoS,例如对某个用户作业,由于资源不足、I/O 死锁、冲突等原因其 JQT 违背了 SLA,则该作业后续执行过程中赋予较高的优先级,优先保证该用户作业的资源需求以及减少 JET 和 JTT 的相应时间,从而确保该用户作业的整体 SLA 满足 QoS 约束。

8.3.4　有效单位时间花费

目前商用的云计算平台都以租用的方式付费,时间单位一般为小时,如表 8-2 所示。

表 8-2　Amazon EC2　云平台租用费用示例　（单位:美元/小时)

实 例 类 型	Linux 操作系统	Windows 操作系统
小型	0.060	0.115
中型	0.120	0.230
大型	0.240	0.460
超大型	0.480	0.920

对于任意用户作业,定义其有效单位时间花费为

$$\text{UUTC} = \frac{\text{Total cost}}{T_{\text{tot}}} \tag{8.8}$$

式中,Total cost 为用户作业总执行费用,T_{tot} 为用户作业响应时间。

有效单位时间花费的物理意义就是作业花费与实际执行时间的比值。有效单位时间花费可以从资源的利用率角度进行优化约束,是对优化函数的改进。

对某个用户作业来说,其在云计算平台的资源优化调度问题可表示为

$$\underset{(\forall \text{user job})}{\text{Minimize}} \quad \text{UUTC}$$

$$\text{subject to}$$

$$\text{JQT} \leqslant \text{SLA}_{\text{JQT}} \tag{8.9}$$

$$\text{JET} \leqslant \text{SLA}_{\text{JET}}$$

$$\text{JTT} \leqslant \text{SLA}_{\text{JTT}}$$

从式(8.9)可见,在每个决策时刻,RAM 根据监控得到的系统性能指标作出决策,因此是一个序贯决策问题。本章使用强化学习工具来解决这一问题,详细过程如下所述。

8.4　基于强化学习的云资源调度机制

正如 8.3 节所述,在本章的系统模型下,云计算中的资源分配问题可看成一个序贯决策问题,那么很自然可以用马尔可夫决策过程表示。

8.4.1　相关概念

1. 状态空间

一台物理机可虚拟出多台虚拟机,但一台虚拟机只能归属于某一台物理机,同一台物理机内的虚拟机逻辑上相互独立,但在资源调度中相互竞争。因此,本章以每台虚拟机的资源(包括 CPU、内存、带宽等)作为状态空间,则每台虚拟机的状态空间可以以向量的形式表示,每种资源的数量不能超出物理机所支持的范围。

2. 动作空间

对于第 i 台虚拟机所拥有的系统资源(CPU、内存、带宽等)可能包括的动作有增加资源、减少资源以及保持现有资源不变,本章采用向量 $(1, -1, 0)$ 分别表示对应的动作取值。

3. 立即回报

立即回报被用来刻画系统当前运行状态和作业调度效率。本章设计的回报函数基于以下 3 点考虑。

(1) 如果当前作业的 UUTC 大于平均 UUTC 并且满足 SLA 约束,则回报为 1。

(2) 如果响应时间违反 SLA 约束,则回报为 -1。

(3) 其他情况回报为 0。

8.4.2　基于基本强化学习的资源调度算法

使用 Q 学习算法(一种最流行的强化学习算法)实现序贯决策问题求解,伪代码如算法 8.1 所示。

算法 8.1　Q 学习算法

1.　　**Initialize** Q value table

2.　　**Initialize** state s_t

3.　　　error $= 0$

4.　　**repeat**

5.　　**for** each state s **do**

6.　　$a_t = $ get_action(s_t) using ε-Greedy policy

7.　　**for** (step$=1$; step$<$**LIMIT**; step$++$) **do**

---

8. **take action** a_t observe r and s_{t+1}

9. $Q_t = Q_t + a * (r + \gamma * Q_{t+1} - Q_t)$

10. $\text{error} = \text{MAX}(\text{error} | Q_t - Q_{\text{previous}})$

11. $s_t = s_{t+1}, a_{t+1} = \text{get\_action}(s_t), a_t = a_{t+1}$

12. **end for**

13. **end for**

14. **Until** $\text{error} < \theta$

为了验证强化学习资源调度的性能,我们采用在亚马逊云计算平台上的利用率资源调度方法进行比较,由于实验结果很多,在此仅列出 VCPU 资源分配的相关实验结果,如图 8-3 所示。在 VCPU 资源分配的实验过程中,为了降低其他资源对实验结果的干扰,我们给每台虚拟机分配的内存、带宽等资源足够大。在网络带宽和内存实验中,我们也进行了类似的设置。

在图 8-3 对应的实验过程中,我们设定不同用户作业的到达率,并设定每个到达率下完成的用户作业数目相同。从如图 8-3(a)所示的实验结果可见,随着用户作业到达率的增加和不同用户作业的具体资源需求的不同,利用率策略能够实时进行虚拟机 VCPU 资源的有效调度,同时避免 SLA 冲突,如图 8-3(b)所示。但在相同的实验条件下,基本 Q 学习调度则频繁地进行 VCPU 资源的调整,背后的原因可能是由于探索-利用机制,导致采用了错误的 VCPU 资源调度动作(在应该增加 VCPU 资源的时刻,但采用了减少 VCPU 资源的动作),最终导致资源的频繁调度和 SLA 冲突。

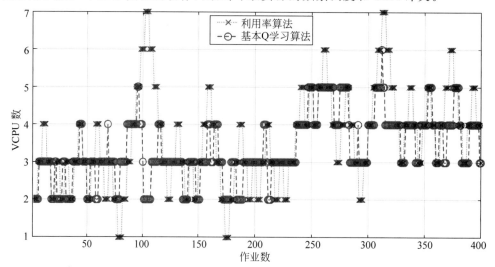

图 8-3　VCPU 资源分配和 SLA 冲突检测实验比较结果

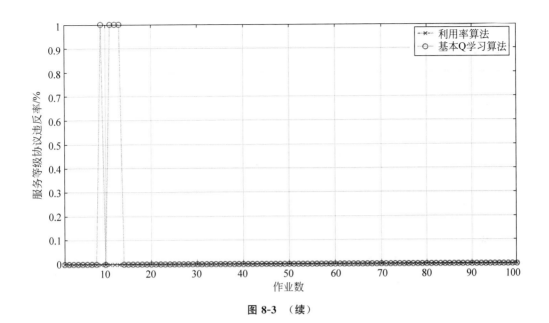

图 8-3 　（续）

由如图 8-3 所示的实验结果,可以总结出基本强化学习在云资源调度中存在的不足,主要有:

（1）收敛速度慢。

（2）对到达率改变的自适应性差,需要重新学习,有时还得不到收敛解。

（3）即使是固定的作业到达率,得到的往往也不是最优解,而是次优解。

强化学习的以上不足,尤其是收敛速度慢和自适应能力差的问题,严重限制了其在云计算资源调度中的实际应用。

8.4.3　优化的资源分配策略

优化的资源分配策略针对基本策略中的每一项不足进行改进,改进策略主要从以下几个方面展开。

1. 离线学习

模拟真实数据集进行算法离线训练,使用基本 Q 学习算法进行离线训练得到不同作业到达率与虚拟机台数、虚拟机中各种资源分配之间的近似函数关系,即 Q 值表。在离线学习的过程中,对状态空间进行划分,使得多个运行实例可以并行学习,最后将得到的关系用函数回归的方式进行近似表示。离线学习伪代码如算法 8.2 所示。

算法 8.2   离线强化学习算法

1.	**Divide** State Space
2.	Repeat
3.	**for** each state space partition **do**
4.	**set** upper and low bound of CPU,memory and bandwidth
5.	**Obtain** running state of cloud computing platform
6.	**Obtain** performance index
7.	**for** each resources **do**
8.	using Basic Q learning Algorithm
9.	**end for**
10.	end for
11.	**Update** Q value table

经过离线学习得到的 Q 值表非常庞大,为了提高搜索效率,可利用数据索引加快查找速度。

2. 信念库及动作空间约减

信念库规则的建立可对动作空间进行协同与约减,从而解决强化学习探索初期性能差的问题,信念库规则举例如下:

if UUTC increase then VCPU decrease

基于建立的信念库在多智能体间进行知识迁移,进一步提高资源调度可靠性和有效性。

3. 在线学习

离线的学习环境还只能模拟真实运行环境的部分运行情况,得到的函数关系还只是在某个作业到达率满足 SLA 约束下指导资源调度的一个可行策略,甚至并不是次优策略,但是这个初始策略设定了一个资源调度的上界,我们可以基于这个初始策略进行在线学习,进一步提高资源利用率。利用 PMA 获取的实时资源利用率指导 RMA 的学习,整个在线强化学习算法如算法 8.3 所示。

算法 8.3   在线强化学习算法

1.	**Obtain** running state of cloud computing platform
2.	**Look up** Q value table,configure VM resources
3.	**Obtain** performance index

```
4.          use belief library
5.          set upper and low bound of VCPU,memory and bandwidth
6.          action space compact
7.             for each resources do
8.                using Basic Q learning Algorithm
9.             end for
10.     Update Q value table
```

8.5 实验结果

根据采用的云计算平台模型和设计的作业调度算法,分别在 MATLAB 和真实云平台上进行性能验证。

8.5.1 仿真云平台验证

本章开发了基于离散事件驱动的数值仿真器,实现了本章设计的基于强化学习的改进 Q 学习算法,并与 Amazon 平台使用的资源利用率算法、GA 算法进行比较,实验结果如图 8-4 所示。

在图 8-4 中,我们对改进的 Q 学习算法性能进行衡量,并与利用率策略和基本 Q 学习算法进行比较,实验条件与 8.4.2 节中的相同。从图 8-4 的实验结果可见,基本 Q 学习算法仍然由于选择错误的动作导致 SLA 冲突和频繁的 VCPU 资源调度;改进的基本 Q 学习算法同样能根据用户作业到达率的变化实时调度 VCPU 资源,更重要的是改进的基本 Q 学习算法在避免 SLA 冲突的同时,在大部分时刻比资源利用率方法使用的 VCPU 资源数目少,因此,改进的 Q 学习算法在避免 SLA 冲突的前提下,提高了资源的利用率。

接下来对改进的 Q 学习算法与目前流行的资源调度策略,包括资源利用率算法、遗传算法、非线性规划等进行比较。实验结果如图 8-5 所示。在图 8-5(a)的实验结果中,遗传算法和非线性规划可能由于目标函数寻优中存在的不足,导致 VCPU 资源取值频繁大幅度改变,而改进的 Q 学习算法和利用率策略的表现与图 8-4(a)相同。在图 8-5(b)中,我们采用与表 8-2 类似的价格设置,可见,本章设计的改进的 Q 学习算法在总费用上低于对比算法。

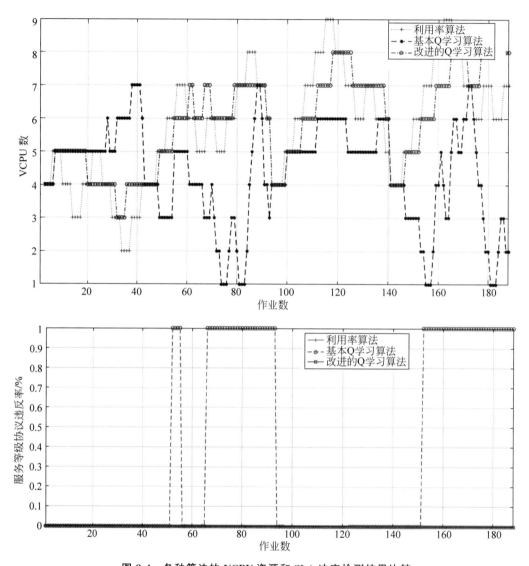

图 8-4　各种算法的 VCPU 资源和 SLA 冲突检测结果比较

　　为了进一步验证算法的性能,在各种用户作业到达率下各运行 1000 次仿真程序,各性能指标的统计结果如表 8-3 所示,表 8-3 的实验结果表明,本章的 UUTC 指标均优于对比算法。根据 UUTC 的定义(见式(8.8)),分子的优化目标是最大化执行费用,分母的优化目标为最小化执行时间,则两个指标比率的含义为单位时间系统资源的利用率。因此该值越大,相应系统资源的利用率也就越高。

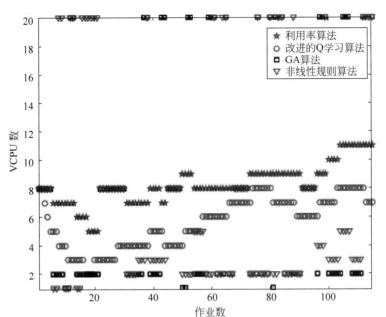

(a) 各种调度算法下VCPU数目比较

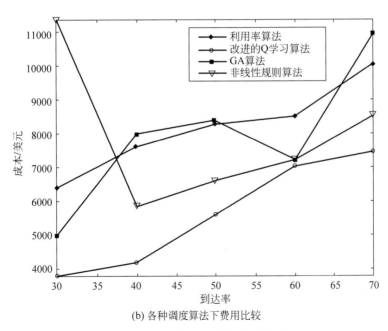

(b) 各种调度算法下费用比较

图 8-5 各种资源调度算法性能比较

表 8-3　各种资源调度算法性能指标统计表

	到达率（每分钟到达的作业数）	运行时间（分钟）	总花费（美元）	平均 VCPU 数目（每个 VCPU 上执行的作业数）	UUTC（美元每分钟）
利用率算法	30	364.61	7270	7.36	2.70
遗传算法		381.68	3930	7.36	1.39
非线性规划算法		368.36	4353	7.36	1.60
本章算法		368.36	5204	4.76	2.96
利用率算法	40	247.20	7433	8.20	3.66
遗传算法		273.12	5788	8.20	2.58
非线性规划		278.21	5349	8.20	2.34
本章算法		250.30	3727	3.87	3.84
利用率算法	50	216.14	8688	8.18	4.91
遗传算法		244.06	8100	8.18	4.05
非线性规划		232.41	6376	8.18	3.35
本章算法		218.63	5448	4.45	5.59
利用率算法	60	148.39	9540	8.78	7.32
遗传算法		172.75	8718	8.78	5.74
非线性规划		176.30	7569	8.78	4.88
本章算法		149.85	6578	4.43	9.90
利用率算法	70	147.48	9611	9.96	6.54
遗传算法		175.78	10025	9.96	5.72
非线性规划		179.37	9878	9.96	5.529
本章算法		147.87	7820	7.69	6.87

8.5.2　真实云平台上进行性能验证

选用 SPECjbb2005 作为基准测试平台，该平台模拟三层架构环境来进行 Java 应用服务器测试，测试过程中每个 warehouse 会产生一个独立的线程，从而决定测试线程的并发数。物理机选用 Lenovo ThinkServer RD630，实验过程中每个 warehouse 下的时间间隔设置为 20 分钟，共运行 10 次，不同 warehouse 下的系统吞吐量比较如表 8-4 所示，CPU 资源的调度结果如图 8-6 所示。

从如表 8-4 和图 8-6 所示的实验结果可见，本章算法和资源利用率算法在不同 warehouse 下系统达到的吞吐量相同，但本章算法使用的 CPU 资源少于对比算法。

表 8-4　不同 warehouse 下吞吐率比较结果

warehouse 数量	最大值	利用率算法	本章算法
1	32103.43	32847.88	33767.96
2	63252.47	59510.64	59951.13
3	87267.56	82380.99	83919.59
4	105719.64	104081.37	99212.12
5	115648.76	117200.12	116671.41
6	119057.39	121530.59	122071.97
7	123759.19	126187.14	124289.81
8	120844.70	122457.18	122758.30

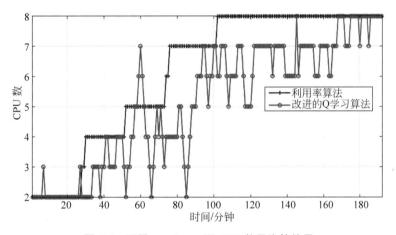

图 8-6　不同 warehouse 下 CPU 数目比较结果

8.6　小结

本章深入研究了云计算环境下的资源优化调度问题,设计了一种基于强化学习和队列理论的细粒度云资源调度算法。实验结果不仅证明了算法的有效性,而且在避免 SLA 冲突和最大化单位时间花费方面优于对比文献。从仿真和真实云平台实验中,得到以下结论:

(1) Q 学习算法在使用 CPU 数目、SLA 冲突、费用等 3 个方面均优于对比方法。

(2) 使用信念库,简约了动作空间,Q 学习算法有了较大的性能提升。

（3）实验中，状态空间为 CPU 数目（最小 1，最大 20），空间较小，算法收敛速度很快，而且自适应性也较强。

今后的研究工作打算从以下方面展开。一方面是在确保服务质量前提下进行系统资源动态调度，尽可能减少作业响应时间；另一方面是深入探究云环境运行机制，例如虚拟机故障、虚拟机迁移等，以便进一步提高系统资源利用率。

第9章	基于DQN的多目标优化的
CHAPTER 9	

基于DQN的多目标优化的

资源调度框架

9.1 引言

针对以能源消耗最小化为目标的云服务供应商和追求服务质量最优化的用户之间的冲突问题,提出一种基于DQN的云资源调度框架。该框架可通过调整不同优化目标的回报值比重,来权衡能源消耗与作业完工时间这两个优化目标间的关系。实验结果表明,该框架能够有效地平衡能源消耗与作业完工时间这两个优化目标,与基准算法相比较,具有较明显的优化效果。

9.2 国内外发展现状

良好的资源管理与调度策略不仅能保证用户服务质量,而且能充分利用云系统的资源,增加云服务供应商的经济收益。云计算资源管理调度问题实际上是一种多约束、多目标优化的NP难问题。针对资源管理调度问题,国内外研究学者进行了大量的深入研究并取得丰硕的研究成果。本章将从3个方面介绍在资源管理调度问题上取得的研究成果与现状。

9.2.1 基于启发式算法的资源调度研究

启发式算法是一种基于随机搜索的算法,通常使用乱数搜寻技巧,在给出的有限空间中求出待解决优化问题的一个可行解,但无法保证其效率以及是否为最优解。因此学者们借助启发式算法来求解复杂云环境下资源调度的最佳策略。经典的启发式算法包括遗传算法、粒子群优化算法、蚁群算法等。Zhang 等提出基于粒子群优化(PSO)的策略应用于云资源的调度,同时考虑通信成本和当前负载,在算法中引入一种新的惯性权重,以便有效地进行全局搜索和局部搜索,并避免陷入局部最优。实验结果表明,该算法有利于减少周转时间,提高资源利用率。Xue 等提出了一种可以适应动态云环境的基于蚁群算法的负载均衡优化(ACO-LB)算法,解决了作业调度过程中虚拟机的负载不平衡问题。ACO-LB 算法不仅可以减少作业调度的成本,还可以维护数据中心虚拟机的负载平衡。仿真结果表明,ACO-LB 算法具有更好的性能和负载平衡能力。段卫军等提出了一种基于遗传算法和蚁群算法融合的 QoS 约束作业调度策略,研究表明,该调度策略在保证服务质量的前提下,具有优越的资源负载均衡能力。Zuo 等针对云计算中的作业调度问题,提出一个反映用户资源成本与预算成本之间关系的资源成本模型和一种多目标优化调度方法。该方法将完工时间和用户预算成本作为优化问题的约束,基于改进的蚁群优化算法,采用两个约束函数来评估和提供有关性能和预算成本的反馈,以求得最优解。仿真结果表明,该算法在作业完工时间、成本、期限违约率、资源利用率这 4 个指标上优化效果明显。颜丽燕等提出了基于改进蜂群算法的多维 QoS 云计算作业调度算法,通过构建 3 种模型:作业模型、云资源模型和用户 QoS 模型,获得了较优的系统调度效率和客户体验满意度。Duan 等针对运行在 VM 上的不同资源密集型应用程序对系统性能和能耗的影响,提出一种基于预测的蚁群策略(Pre Ant Policy),它由基于分形数学的预测模型和基于改进蚁群算法的调度器组成。由预测模型通过负载趋势预测来确定是否触发调度器进行资源调度。这种方法为异构计算环境中的资源密集型应用提供了有效的动态容量模型,并且可以在由瞬时峰值负载触发调度时,在保证服务质量的前提下减少了系统资源和能量的消耗。

9.2.2　基于强化学习的资源调度研究

强化学习是一种通过与环境交互并以环境反馈作为输入的,以优化目标为导向的决策学习方法。国内外的学者根据云计算的特点,将云环境下的资源调度抽象为有限的马尔可夫决策问题,利用强化学习优秀的决策能力,寻找最优的资源调度策略,优化效果明显。Peng 等设计了一种基于强化学习和排队理论的作业调度方案,允许以更精细的粒度优化资源约束下的作业调度,利用状态聚集技术加快学习进度。该作业调度方案不仅能通过优化资源利用率和负载平衡来获得资源约束下的最小响应时间,并且指出了响应时间和到达率、服务器速率、VM 数量和缓冲区大小等之间的关系。Peng 等通过对云计算环境中用户作业执行过程的分析,提出了一种基于强化学习和排队理论的新型资源配置方案。在引入分割服务水平协议(Split Service Level Agreement,SSLA)和利用单位时间成本(Utilize Unit Time Cost,UUTC)的概念之后,将云计算中的资源供应问题抽象成一个序贯决策问题,提出一个新的优化目标函数,并采用强化学习算法来解决它。实验结果不仅证明了该方案的有效性,而且证明了该方案在 SLA 冲突规避和用户成本方面优于普遍的资源配置方法。Liu 等提出了一种通用的基于强化学习的 IaaS 云资源管理框架,利用强化学习和积极的供应策略来解决快速增长的工作负载问题,积极的策略使得在单个资源调整中能够大幅增加工作负载分配的能力。实验结果表明,该框架可以显著加速资源供应过程,从而确保高 QoS 和低 SLA 违约率。Xiong 等在满足虚拟机(VM)资源和服务等级协议(SLA)约束下,提出一种基于 SLA 约束的强化学习的新型作业调度方案,以在 VM 资源和期限限制下最小化完成时间和平均等待时间(Average Waiting Time,AWT),并采用并行多代理技术平衡在学习过程中的探索,加快 Q 学习算法的收敛速度。通过优化利用云资源和负载平衡,在资源约束下获得最短完工时间。

9.2.3 基于深度强化学习的资源调度研究

深度强化学习是一种结合深度学习与强化学习的新型的端对端(End To End,ETE)的感知与控制系统,通过结合深度学习的感知能力与强化学习的优秀的决策能力,优势互补,为解决复杂云系统的资源管理与作业调度问题提供了新的思路与方法。Mao 等将多资源作业调度问题转化成多资源作业装箱问题,把云资源和作业状态抽象为"图像",来表示系统的状态空间。利用标准的深度策略梯度算法对模型进行训练,获得云环境下的多资源的作业调度模型。研究结果表明,该策略能够适应复杂云环境,具有更强的适用性和通用性,在性能方面优于大多经典的启发式算法,收敛性更好。Lin 等在此模型的基础上,提出了一种基于 DQN 的多资源云作业调度模型,引入卷积神经网络(CNN)和递增的 ε-Greedy 探索策略,实验结果表明,该模型的收敛速度更快,收敛效果更好。Liu 等提出一种基于深度强化学习(DRL)新型分层结构框架,用于解决云计算系统的整体资源分配和功率管理问题。该分层框架包括一个负责分配虚拟机到服务器的全局层,一个负责本地服务器电源管理的本地层。该框架能在服务器集群延迟与能源消耗之间实现最佳的平衡。Cheng 等提出一种基于深度强化学习的新型 RP 和 TS 系统,对大规模云服务供应商使用大量服务器接收大量用户请求的能源成本进行了最小化,实现了高能源成本效率、低拒绝率、低运行时间和快速收敛。Li 等针对移动设备的云作业部署问题,提出了一种新型的双层深度强化学习框架,同时考虑作业延迟与资源利用率两个优化目标,通过调整目标回报函数的所占权重比例来权衡两个优化目标,实验结果表明,双层架构有利于加速算法收敛,通过调整权重来权衡多优化目标的有效性。

9.3 系统模型

本章提出的基于深度强化学习的云资源调度框架如图 9-1 所示。

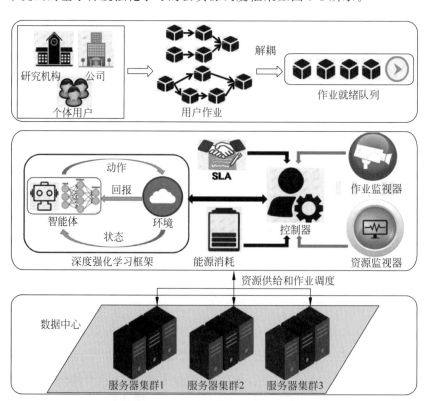

图 9-1 基于深度强化学习的云资源调度框架

9.3.1　作业负载层

海量的用户可以根据自身的需求付费使用云服务,与云服务提供商签订服务等级协议,通过网络将作业负载与资源需求提交到云计算平台,由云平台进行作业负载的数据运算与存储等业务。云计算中主要有两种类型的作业负载模型:

(1) 依赖模式调度,每个用户工作负载都以细粒度查看,作为具有输出依赖性的作业图。每个作业负载包含多个子作业,子作业之间存在依赖性,有一定的执行顺序与数据传输。

(2) 批处理模式调度,将每个用户工作负载表示为原子作业,作业之间相互独立。整个作业集合形成一个批处理作业。对于存在作业依赖性的作业负载,需要对其进行解耦,确保在父作业执行完成和数据传输完成时,该作业才能提交到作业就绪队列,按照先来先服务的原则进行调度。

9.3.2　调度控制层

调度控制层是整个云计算平台的核心层,主要负责整个云平台的资源配置与作业调度。调度控制层主要由作业监视器、资源监视器、调度策略模型、能源成本模型、用户服务等级协议等组件组成。作业监视器负责收集等待作业队列的信息与作业在服务器中的运行状态反馈给调度控制器。资源监视器负责收集系统资源的信息并反馈给调度控制器。调度策略模型负责根据当前系统中作业与资源的状态,根据已学习到的经验知识,生成调度策略。(控制层协调各个组件之间的关系,接收作业监视器与资源监视器反馈的信息,例如,资源利用率、能源成本、作业完成时间。)在保证用户服务等级的前提下,根据策略模型生成的最优调度策略将作业更加合理地分配到数据中心的服务器上。

9.3.3　数据中心层

数据中心由数量众多的异构物理服务器组成,通过虚拟化技术将物理硬件资源虚拟化成可配置的计算资源池。服务器之间按照地理位置距离远近聚成集群,集群之间存在高速数据传输通道,每个集群中的服务器之间存在数据传输带宽,大小各异。

9.4 问题分析

9.4.1 用户作业负载模型

每个用户作业负载 U 包含多个存在依赖性的子作业 ϕ，作业负载模型可用一个有向无环图（Directed Acyclic Graph，DAG）表示。如图 9-2 所示，图中节点 ϕ_n^m 表示作业负载 U^m 中的子作业 ϕ_n，节点之间的有向边 $W_{i,j}^m$ 表示作业负载 U^m 中作业 ϕ_i^m 与作业 ϕ_j^m 之间的数据传输量以及传输方向。例如，用户作业负载 U^1 中，作业 ϕ_2^1 和 ϕ_3^1 必须在作业 ϕ_1^1 完成执行与数据传输的情况才能被调度执行。因此，在整个云系统的作业调度与资源配置的过程中，首先需要对用户作业负载进行解耦，根据子作业之间的依赖性关系，将子作业调度到等待调度队列中，按照先来先服务的原则，为等待调度的作业配置虚拟机资源，执行作业。

本模型采用粗粒度资源配置方式，为每个作业配置满足其资源需求的虚拟机，每个服务器能部署负载多个虚拟机。如图 9-3 所示，假设服务器的最大可负载 3 个虚拟机，作业 1 在 $t=0$ 到达并部署在 VM_1 上，执行时间 $T_e=t_1$，等待时间 $T_w=0$，作业 2 在时刻 t_0 到达，此时作业 2 有两种调度选择：第一种是将作业 2 部署到 VM_1 上，但是 VM_1 仍被作业 1 所占用，所以作业 2 需要等待到 t_1 才能部署到 VM_1，相应的等待时间为 $T_w=t_1-t_0$；第二种是将作业 2 部署到 VM_2 或 VM_3 上，无须等待，在 t_0 时刻即可立即部署运行。在模型中对作业完工时间的定义为

$$T_{makespan}=T_e+T_w \tag{9.1}$$

式中，T_e 表示作业的执行时间，T_w 表示作业等待时间。

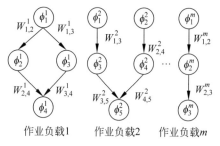

图 9-2 用户作业负载模型

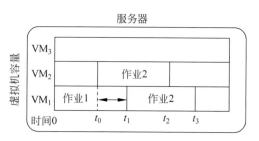

图 9-3 作业的等待时间

9.4.2　能源消耗模型

本模型假设数据中心有 x 台具有不同资源配置的服务器,表示为 $\{S_1,S_2,\cdots,S_x\}$,服务器资源以虚拟机为单位,每台服务器具有不同的最大负载虚拟机数。如图 9-4 所示,服务器具有两种状态(开启与关闭)。例如,服务器 S_1 处于开启状态,运行 2 个虚拟机;服务器 S_3 则处于关闭状态,无虚拟机运行。

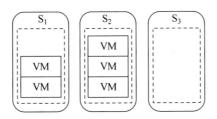

图 9-4　服务器配置示意图

服务器 S_x 在 t 时刻的总能源消耗 $P_{\text{total}}^x(t)$ 包括静态能源消耗 $P_{\text{static}}^x(t)$ 与动态能源消耗 $P_{\text{dynamic}}^x(t)$,两者均取决服务器的资源利用率 $U^x(t)$ 的大小。服务器的资源利用率定义为

$$U^x(t) = \frac{N_v^x(t)}{N_{\max}^x} \times 100\% \qquad (9.2)$$

式中,$N_v^x(t)$ 表示当前时刻 t 运行在服务器 S_x 的虚拟机数,$N_{\max}^x$ 表示服务器 S_x 能够负载的最大虚拟机数。当 $U^x(t)>0$ 时,$P_{\text{static}}^x(t)$ 是一个常量;当 $U^x(t)=0$ 时,$P_{\text{static}}^x(t)=0$。另一方面,动态能源消耗 $P_{\text{dynamic}}^x(t)$ 与服务器的资源利用率 $U^x(t)$ 之间存在复杂的关系。服务器 S_x 存在最优资源利用率 U_{opt}^x,一般地,$U_{\text{opt}}^x \approx 0.7$。当 $U^x(t) \leqslant U_{\text{opt}}^x$ 时,动态能源消耗 $P_{\text{dynamic}}^x(t)$ 随服务器资源利用率 $U^x(t)$ 线性增长;当 $U^x(t)>U_{\text{opt}}^x$ 时,动态能源消耗 $P_{\text{dynamic}}^x(t)$ 随服务器资源利用率 $U^x(t)$ 非线性快速增长。因此,将动态能源消耗 $P_{\text{dynamic}}^x(t)$ 定义为

$$P_{\text{dynamic}}^x(t) = U^x(t) \cdot \alpha_x, \quad U^x(t) \leqslant U_{\text{opt}}^x \qquad (9.3)$$

$$P_{\text{dynamic}}^x(t) = U_{\text{opt}}^x \cdot \alpha_x + (U^x(t) - U_{\text{opt}}^x)^2 \cdot \beta_x, \quad U^x(t) > U_{\text{opt}}^x \qquad (9.4)$$

当参数设置为 $\alpha_x=0.5,\beta_x=10,U_{\text{opt}}^x=0.7$ 时,不同的服务器资源利用率下的能源消耗如图 9-5 所示。

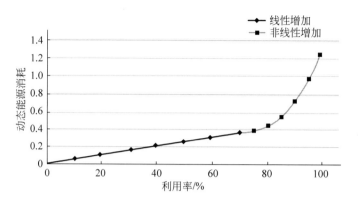

图 9-5 动态能源消耗与服务器资源利用率关系

即 t 时刻的所有服务器的总能源消耗为

$$P_{\text{total}}(t) = \sum_{x=1}^{X} (P_{\text{static}}^{x}(t) + P_{\text{dynamic}}^{x}(t)) \tag{9.5}$$

若假设整个作业调度过程持续时间为 T,则整个过程中服务器的总能源消耗为

$$\text{COST} = \sum_{t=1}^{T} P_{\text{total}}(t) \tag{9.6}$$

由以上两个优化目标的定义可知,不同的调度策略会造成作业完工时间与能耗的不同。当优化目标偏向于最小化作业完工时间时,采取的策略是开启更多的服务器或增加服务器的负载,尽可能减少作业的等待时间,因此会造成服务器资源浪费或服务器负载过高,使得能源消耗增加;相反地,当优化目标偏向于最小化能源消耗时,采取的策略是尽可能使得服务器的资源利用率处于最优利用率水平,使得全局的能耗最小化。

9.4.3 数学描述

1. 状态空间

假设有数据中心有 x 台物理服务器,表示为 $\{S_1, S_2, \cdots, S_x\}$。每个服务器的最大负载虚拟机数为 $N_{\max}^{x}$,在时刻 t 服务器 S_x 上可用虚拟机数为 N_r^x,作业部署到服务器 S_x 需要等待的时间为 T_w^x。该模型的状态空间定义如下:

$$\text{State}:\{T_w^1, N_r^1, T_w^2, N_r^2, \cdots, T_w^x, N_r^x\} \tag{9.7}$$

2. 动作空间

在每个时间步为作业选择一个服务器进行部署,因此动作空间数为服务器数,动作空间表示为

$$\text{Action:} \{S_1, S_2, \cdots, S_x\} \tag{9.8}$$

3. 回报函数

针对最小化作业完工时间,优化目标的回报函数定义如下:

$$R_{\text{makespan}} = \frac{1}{T_e + T_w} \tag{9.9}$$

针对最小化能耗优化目标,采用将当前时间步 t 的总能耗 $P_{\text{total}}(t)$ 减去前一时间步 $t-1$ 的总能耗 $P_{\text{total}}(t-1)$ 来作为该时间步动作的价值。具体回报函数定义如下:

$$R_P = P_{\text{total}}(t) - P_{\text{total}}(t-1) \tag{9.10}$$

因此,模型将通过赋予不同目标回报函数不同的权重来权衡作业完工时间和能耗。数值表示对优化目标的偏重程度。由于两个目标的回报值存在数量级的差异,因此需要对两个目标的回报值先进行最小-最大值归一化处理,使得两个目标的回报值的值域均处于[0,1]区间

$$R = \alpha \cdot \text{Normal}(R_{\text{makespan}}) + (1-\alpha) \cdot \text{Normal}(R_P), \quad \alpha \in [0,1] \tag{9.11}$$

9.5　算法说明与伪代码

本章提出的调度模型训练步骤伪代码如算法 9.1 所示。首先初始化在线网络参数 θ、目标网络参数 $\tilde{\theta}$ 以及经验样本池 D。在训练过程中,每个时间步 t,从作业队列中按照先来先服务的顺序调度作业,根据递增的 ε-Greedy 调度策略选择动作 a_t(即选择一个服务器),将作业部署到目标服务器,观察新的系统状态 s_{t+1} 并获得两个不同目标的回报值 r_1 和 r_2。将 $(s_t, a_t, r_1, r_2, s_{t+1})$ 存储到临时列表中,直到作业队列中所有作业调度完成,该回合结束。将该回合所获得的回报值 r_1 和 r_2 进行归一化处理,根据权重值 α,计算总回报值 r,将样本 (s_t, a_t, r, s_{t+1}) 存储到经验样本池 D 中,当样本数达到设定阈值时,从样本池中随机抽取 Mini-batch 个样本,采用随机梯度下降法更新在线网络参数 θ。每 C 个训练回合更新一次目标网络参数,将在线网络参数值 θ 赋值给目标网络参数 $\tilde{\theta}$。

算法 9.1　本章算法伪代码

1.	Initialize replay memory D to capacity M
2.	Initialize action-value function Q with random weights θ
3.	Initialize target action-value function $Q^{\sim}$ with random weights $\theta^{\sim}=\theta$
4.	**For** each iteration
5.	**For** each task in Task-Queue **do**
6.	Select $a_t=$ argmax $Q(s_t,a)$ with probability ε or select a random action with
7.	probability $1-\varepsilon$.
8.	Execute action a_t, observe new state s_{t+1}, obtain the reward r_1,r_2
9.	Store transition$(s_t,a_t,r_1,r_2,s_{t+1})$ in list
10.	**End For**
11.	Calculate $r=\alpha*\text{Normal}(r_1)+(1-\alpha)*\text{Normal}(r_2)$
12.	Store transition (s_t,a_t,r,s_{t+1}) in experience memory D
13.	Sample random Mini-batch of transition (s_t,a_t,r,s_{t+1}) from D
14.	Define loss function
15.	$L(\theta)=E_{(s,a,r,s')\sim D(M)}\left[(r+\gamma\max_{a'}Q(s',a';\theta^{\sim})-Q(s,a;\theta))^2\right]$
16.	Update the Q network parameters θ using random gradient descent
17.	$\nabla_\theta L(\theta)=E_{(s,a,r,s')\sim D(M)}\left[(r+\gamma\max_{a'}Q(s',a';\theta^{\sim})-Q(s,a;\theta))\nabla_\theta Q(s,a;\theta)\right]$
18.	Every C steps update $Q^{\sim}=Q$
19.	**End For**

9.6　仿真实验与结果分析

9.6.1　实验步骤和参数设置

在仿真实验中,假定数据中心有 30 台不同资源配置的服务器,整个服务器集群最大负载虚拟机总数为 300。从 Google 集群真实负载中选取 200 个云作业,作业依赖关系随机生成,作业的持续时间为 2~10s(随机生成),生成 100 组不同到达顺序的作业队列,其中 90 组作为训练集,10 组作为测试集。仿真实验主要分两部分:第一部分是单目标优化,分别针对最小化作业完工时间和最小化能源消耗优化目标,根据对应的回报函数,对模型进行训练与测试,记录作业完工时间与能源消耗,并与基准算法进行比较;第二部分是通过调整两个优化目标的回报值权重,进行模型的训练与测试,观察不同权重对优化结果的影响。实验采用的对比基准算法是随机选择(Random)算法、循环选择(Round-robin, RR)算法。所有的仿真实验均使用 Python 语言和

TensorFlow 深度学习框架作为实验平台。硬件环境是台式机（Windows 操作系统），其中处理器 Intel Core i7-7800X，内存 16GB，主频 3.50GHz，显卡 NVDIA GeForce GTX 1080Ti。

实验中 DQN 训练模型参数如表 9-1 所示。

表 9-1　DQN 训练模型参数

算法参数	参　数　值	算法参数	参　数　值
训练次数	1000	目标网络更新间隔	100
学习率	0.001	贪婪因子 ε 初始值	0.5
折扣因子	0.90	贪婪因子 ε 最大值	0.9
经验池规模	30 000	每回合 ε 增幅	0.001
Mini-batch	32		

9.6.2　实验结果与分析

本课题将通过实验分析对比采用的 DQN 算法与基准算法——随机选择算法和循环选择算法在优化作业平均完工时间和能源消耗的效果。实验结果如下：

（1）图 9-6 表示 DQN 调度模型在训练过程中作业平均完工时间的变化趋势，并与基准算法的结果进行比较。可以看出，在训练前期，DQN 算法平均作业完工时间曲线波动幅度较大，优化效果较差。直到训练次数达到 400 次以上，曲线逐渐收敛，可以明

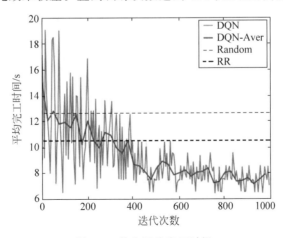

图 9-6　作业平均完工时间

显看出 DQN 算法的作业平均完工时间小于 Random 算法和 RR 算法。由于集群中各服务器的最大负载虚拟机数不同,当某个服务器已达到最大负载量时,RR 算法仍将作业分配给该服务器,造成该作业的等待时间变长。而基于 DQN 算法的调度策略能够根据各服务器的可用资源情况来分配作业,使得作业需要等待的时间最短,从而减少作业的平均完工时间。为便于对比,图 9-6 中同时显示了 DQN 算法的平均性能,即 DQN-Aver。

(2) 图 9-7 表示 3 种算法调度不同数量的作业所产生的能源消耗。可以看出,当作业数少于 200 时,3 种算法的能源消耗差距不大,但随着作业数的不断增加,Random 算法与 RR 算法的能源消耗增长速度较快。当作业数达到 200 以上时,DQN 算法的能耗明显少于 Random 算法与 RR 算法。当调度作业数较少时,集群各服务器的负载较小,因此,3 种调度策略的能源消耗差距不大。当作业数较大时,RR 算法均匀分配作业策略,会使得某些服务器的负载过大,能源消耗迅速增加,使得总能源消耗变大;而 DQN 算法能根据各服务器的负载情况,更合理地调度作业,使得服务器的负载更加均衡,有效地减少了总能源消耗。

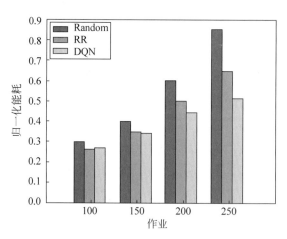

图 9-7 作业数与能源消耗关系

图 9-8 表示在不同权重下(α 分别取 0.8、0.6、0.4、0.2),作业完工时间与能源消耗的变化。从图 9-8 中的收敛结果曲线可以明显看出,通过调整不同目标回报函数的权重,可以有效平衡作业完工时间与能源消耗。在图 9-8 中,同时显示了原始 DQN 曲线和平均后的 DQN 曲线。

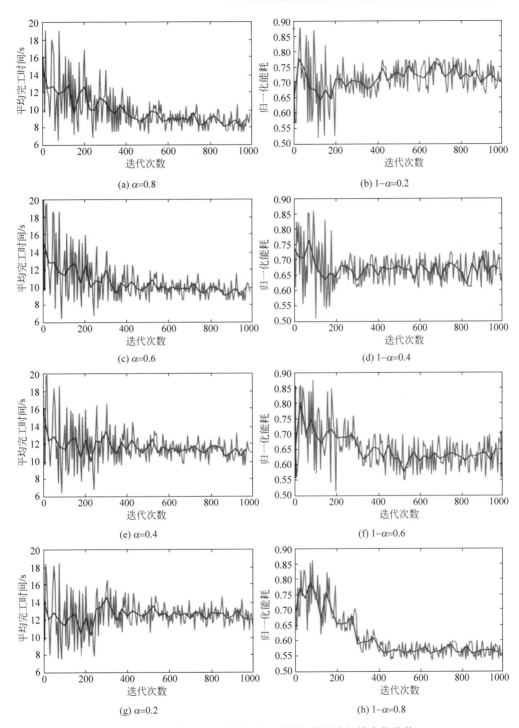

图 9-8 不同权重 α 下作业完工时间与能源消耗的变化趋势

9.7　小结

本章提出了一种新型的基于 DQN 算法的在线资源配置与作业调度模型,该模型不仅能够进行单目标优化,生成合理高效的资源配置与作业调度策略,而且可以通过调整回报值权重,平衡能源消耗与作业完工时间这两个优化目标的关系。

第 10 章

CHAPTER 10

容器云环境虚拟资源配置
策略的优化

本章针对容器化云环境中数据中心能耗较高的问题,提出了一种基于最佳能耗优先(Power Full,PF)物理机选择算法的虚拟资源配置策略。首先,提出容器云虚拟资源的配置和迁移方案,发现物理机选择策略对数据中心能耗有重要影响;然后,通过研究物理机利用率与容器、虚拟机利用率之间以及与数据中心能耗之间的数学计算关系,建立容器云数据中心能耗的数学模型,给出优化目标函数的定义;最后,通过对物理机的能耗函数使用线性插值进行模拟,依据邻近事物相类似的特性,提出改进的最佳能耗优先物理机选择算法。仿真实验将此算法与先来先得(First Fit,FF)、最低利用率优先(Least Fit,LF)、最高利用率优先(Most Full,MF)算法进行比较,实验结果表明,在有规律的不同物理机群的计算服务中,其能耗比 FF、LF、MF 分别平均降低45%、53%和49%;在有规律的相同物理机群的计算服务中,其能耗比 FF、LF、MF 分别平均降低56%、46%和58%;在无规律的不同物理机群的计算服务中,其能耗比 FF、LF、MF 分别平均降低56%、46%和12%。本章算法实现了对容器云虚拟资源的合理配置,且在数据中心节能方面具有优越性。

10.1 引言

近几年,随着 Docker 的出现,容器(Container)技术对云计算发展产生了巨大的影响。容器虚拟化技术及其构建的云平台以其固有的部署快、启动快、迁移易、性能高等优势,正逐渐被各大云服务提供商广泛采纳。截至 2017 年 8 月,Docker 项目在 GitHub 上拥有的点赞星超过 4.5 万;已有 45% 的公司运行容器机器规模在 250 台以上,比 2016

年提高了 25 个百分点。容器技术已经成为云计算领域的研究热点。LinkedIn 的数据表明,2017 年 Docker 一词的出现次数较前一年增长了 160%。

虽然云服务供需双方对数据中心资源管理和租用方式的要求随着容器等新技术的发展逐渐改变,但如何设计和实现数据中心的节能技术仍然是云服务提供商最关注的重要问题之一。虚拟化容器技术是当前云计算资源供应最流行的方式,与传统虚拟机技术不同,容器不需要一个完整的操作系统实例,可极大地降低对服务器 CPU、内存等资源的消耗。但是,与针对虚拟化云数据中心的计算和网络资源的能效被广泛研究不同,只有少数学者调查了容器的节能管理问题。Demirkol 等研究了容器虚拟化技术与传统虚拟化技术在不同环境下的能耗情况,发现在大部分环境中容器虚拟化技术的节能效果更佳。Kaurt 等提出了一种基于 CaaS(Container-as-a-Service)的数据中心任务调度策略,通过使用轻量级容器替代传统虚拟机的方式,不仅缩短了任务的反应时间,而且降低了数据中心的能耗。施超等将机器学习中的欧氏距离、皮尔逊相关系数、余弦相似度、Taninoto 系数作为容器与虚拟机稳定匹配的偏好规则,同时通过偏好列表将一对一的稳定匹配改进为多对一的稳定匹配,解决了将容器整合到虚拟机上的初始化部署问题,取得了较好的节能效果。

以容器为基本运行单元的云计算虚拟架构为解决传统虚拟机资源管理中的成本和效率问题提供了新的契机,但也对容器云平台资源管理提出了新的挑战。尽管越来越多的云资源提供商和学者对容器技术产生了兴趣,但是目前关于容器部署方面的研究还处于初级阶段。崔广章等初步研究了容器的资源整合问题,提出的算法提高了容器云资源的利用率,但是忽略了在优化资源利用率的同时,容易出现数据中心能耗升高的问题。施超等证明了使用容器虚拟化技术能够有效降低数据中心的能耗,并利用稳定匹配思想对资源进行有效分配,但对云环境中虚拟机和容器资源动态变化的问题还处于初步探究阶段。因此,本章从降低数据中心能耗的角度出发,提出一种容器云资源配置方案,对容器云数据中心的能耗问题进行数学建模,根据模型对资源配置时物理机选择方法进行了研究和改进,有效解决了容器云数据中心的能耗优化问题。

10.2 容器云资源配置

随着 Google、Aamzon、Microsoft 等互联网公司加大对 Docker 开源技术的研发力度,CaaS 云模型越来越受各大云计算服务商青睐,并将成为主要的云服务模型之一。

研究结果表明,相比于单独使用容器部署,使用虚拟机、容器混合部署能获得相近甚至更好的性能。

基于虚拟机、容器混合的云资源配置包括两部分:一部分是物理机(Host)虚拟化,即将物理机资源分配给虚拟机;另一部分是虚拟机(Virtual Machine,VM)容器化,即将虚拟机资源分配给容器。为了描述方便,本章将虚拟机和容器统称为虚拟服务器或虚拟资源,将物理机称为物理服务器或物理资源。整个配置过程又分为两阶段:第一阶段是云任务提交到数据中心后的资源初始配置;第二阶段是云任务运行过程中虚拟服务器的迁移。

10.2.1　虚拟机资源配置

在数据中心,物理机的数量较多,当一台虚拟机请求物理资源时,要按某种策略选择一台物理机部署该虚拟机,并为其分配 CPU、内存、带宽和硬盘等资源。具体的部署算法描述如下:

步骤 1,数据中心选择一台物理机给 VM,被选择的物理机可用的 CPU、内存、带宽和硬盘资源必须满足 VM 的需求。

步骤 2,物理机为 VM 分配内存资源。

步骤 3,物理机为 VM 分配带宽资源。

步骤 4,物理机为 VM 分配 CPU 资源。假设物理机有 m 个处理核(记为 HPE),VM 需要 n 个处理核(记为 VPE),按顺序将 m 个 HPE 分配给 n 个 VPE。

步骤 5,物理机为 VM 分配硬盘资源。

步骤 6,重复步骤 1～步骤 5,直到所有 VM 都分配到所需求的物理资源。

10.2.2　容器资源配置

容器的部署过程与虚拟机的部署过程类似,将虚拟机的 CPU、内存、带宽和硬盘等资源分配给容器。但是,由于容器是云任务实际的运行载体,在请求虚拟机的 CPU 资源时,不以其额定的 CPU 资源与虚拟机可用的 CPU 资源进行对比判断该虚拟机是否满足当前容器的需求(初始配置除外),而是将容器实际的 CPU 工作负载与虚拟机可用的 CPU 资源进行对比。通常情况下,容器的 CPU 使用率不会达到 100%,因此会出现部署在某虚拟机上的所有容器额定 CPU 资源大小之和比该虚拟机额定的 CPU 资源大的情况。

10.2.3　虚拟机/容器迁移

当容器获得相关资源后,部署在容器中的云任务就可以开始运行了。在云计算环境中,云任务呈现多样性,往往既有大量实时在线处理业务,又有大量异步处理业务。实时在线业务处理时间短、需求波动大,而异步业务处理时间长,数据量庞大。随着任务的执行,各个容器中任务的完成情况各不相同。因此,数据中心的物理机、虚拟机和容器的负载会随着任务的执行而产生动态的变化。有的物理机由于任务较早完成而新任务没有及时到来使其过于空闲,造成资源利用率较低。当该值低于某个临界值时称该物理机为欠载状态。类似地,有的物理机由于任务过长而又有新的任务到来使其过于繁忙,造成资源利用率过高。当该值高于某个临界值时称该服务器为过载状态。欠载容易造成资源浪费,过载容易造成 SLA 违约并影响系统稳定性。在数据中心,这两种情况都需要尽可能避免,尽量做到服务器间负载均衡。

在容器云环境中,虚拟服务器迁移是保证物理服务器负载均衡的主要手段,与传统的云计算环境不同,容器云中有物理机、虚拟机和容器 3 种不同粒度和层次的服务器,容器可以在虚拟机之间迁移,虚拟机可以在物理机之间迁移,这两种迁移可以使用相同或者不同的策略。为了使问题的描述简单化,本章对这两种迁移采用相同的策略,并以虚拟机迁移为例详细介绍迁移过程。

迁移过程应被视为多阶段 3W 问题:何时触发迁移(When),要迁移哪个虚拟服务器(Which),迁移到哪里(Where)。何时触发迁移取决于数据中心的资源调度策略,可以采用定时触发、定量触发或监控触发的方式。定时触发为固定在某些时刻来处理迁移工作。定量触发为当一定数量的任务被执行完成后开始处理迁移工作。监控触发为根据数据中心实时监测情况决定是否启动虚拟服务器迁移。要迁移哪个虚拟服务器通常根据数据中心预设的欠载和过载的临界值来决定,当虚拟服务器的利用率低于欠载临界值或者高于过载临界值时应该被迁移。迁移到哪里取决于物理机的选择策略,不同策略产生不同的迁移结果。具体迁移算法描述如下:

步骤 1,统计物理机的资源利用率并将过载的物理机保存到列表 OverList 中,且按降序排列。

步骤 2,将 OverList 中每台物理机上的 VM 按照利用率降序排列。

步骤 3,选择一台不在 OverList 中的物理机作为迁移目标(DHdest)。

步骤 4,按先后顺序从 OverList 中选出一台物理机作为迁移源物理机(OHsrc),按顺序将 OHsrc 上的 VM 迁移到 DHdest,并且保证 DHdest 不过载,直到 OHsrc 不再过载。若 DHdest 不能接纳待迁移的虚拟机,则按步骤 3 重新选择一台物理机作为迁移目标。直到 OverList 列表中的物理机被处理完成。

步骤 5,统计资源利用率欠载的物理机并保存到列表 UnderList。

步骤 6,选择一台不在 UnderList 和 OverList 中的物理机作为迁移目标(DHdest)。

步骤 7,从 UnderList 中选择一台物理机作为迁移源物理机(UHsrc),将部署在 UHsrc 上的全部虚拟机迁移到 DHdest,并且保证 DHdest 不过载。若 DHdest 不能完全接纳待迁移的虚拟机,重新按步骤 7 选择一台物理机作为迁移目标进行迁移。

步骤 8,关闭 UHsrc。

由以上分析可知,无论是虚拟资源部署还是虚拟资源迁移,容器云在进行资源配置时都面临物理机的选择问题。作为数据中心最大的能源消耗者,物理机的选择方法对降低数据中心能耗就显得尤为关键。因此,找到物理机与虚拟机、容器之间在能耗值上的计算关系,为容器云数据中心能耗建立数学模型,对数据中心整体能耗优化问题至关重要。

10.3　问题描述与数学建模

10.3.1　问题描述

容器云计算数据中心的资源配置主要是建立和维护物理机与虚拟机、虚拟机与容器之间的分配关系。假设数据中心有 M 台物理机、N 台虚拟机和 S 个容器,问题的描述如下:

(1) 集合 $H = \{h_1, h_2, \cdots, h_M\}$ 表示数据中心的物理机集,下标为物理机的编号,表示数据中心有 M 台物理机。物理机之间彼此相互独立。向量 $\mathbf{HR}_i = (\mathrm{hr}_{\mathrm{cpu}}^i, \mathrm{hr}_{\mathrm{ram}}^i, \mathrm{hr}_{\mathrm{bw}}^i, \mathrm{hr}_{\mathrm{disk}}^i)(1 \leqslant i \leqslant M)$,由物理机 h_i 拥有的 CPU、内存、带宽和硬盘等资源的数量构成,其中,$\mathrm{hr}_{\mathrm{cpu}}^i = \sum_{j=1}^{E_i} \mathrm{hpe}_j^i (1 \leqslant i \leqslant M)$ 表示 h_i 的 CPU 拥有 E_i 个处理核,hpe_j^i 表示 h_i

第 j 个核的计算能力。

（2）集合 $VM=\{vm_1,vm_2,\cdots,vm_N\}$ 表示数据中心中运行的虚拟机集，下标为虚拟机的编号，表示数据中心有 N 台虚拟机。向量 $\mathbf{VR}_i=(vr_{cpu}^i,vr_{ram}^i,vr_{bw}^i,vr_{disk}^i)(1\leqslant i\leqslant N)$，由虚拟机$vm_i$拥有的 CPU、内存、带宽和硬盘资源的数量构成，其中，$vr_{cpu}^i=\sum_{j=1}^{G_i}vpe_j^i(1\leqslant i\leqslant N)$ 表示vm_i 的 CPU 拥有 G_i 个处理核，vpe_j^i 表示vm_i 第 j 个核的计算能力。

（3）集合 $C=\{c_1,c_2,\cdots,c_S\}$ 表示容器云数据中心中运行的容器集，下标为容器的编号，表示数据中心有 S 个容器。向量 $\mathbf{CR}_i=(cr_{cpu}^i,cr_{ram}^i,cr_{bw}^i,cr_{disk}^i)(1\leqslant i\leqslant S)$，由容器 c_i 拥有的 CPU、内存、带宽和硬盘等资源的数量构成。其中，$cr_{cpu}^i=\sum_{j=1}^{H_i}cpe_j^i(1\leqslant i\leqslant S)$ 表示 c_i 的 CPU 拥有 H_i 个处理核，cpe_j^i 表示 c_i 第 j 个核的处理能力。

（4）向量 $\boldsymbol{\alpha}_i=(\alpha_{i,1},\alpha_{i,2},\cdots,\alpha_{i,N})(1\leqslant i\leqslant M)$ 表示物理机 h_i 的虚拟机部署情况。如果$vm_j(1\leqslant j\leqslant N)$被部署在 h_i 上，则 $\alpha_{i,j}=1$，否则 $\alpha_{i,j}=0$。$\boldsymbol{\alpha}_i$ 为一个 N 元向量。矩阵 $\mathbf{A}=(\boldsymbol{\alpha}_1^T,\boldsymbol{\alpha}_2^T,\cdots,\boldsymbol{\alpha}_M^T)^T$ 为 $M\times N$ 矩阵，表示数据中心所有物理机部署虚拟机的情况。

（5）向量 $\boldsymbol{\beta}_i=(\beta_{i,1},\beta_{i,2},\cdots,\beta_{i,S})(1\leqslant i\leqslant N)$ 表示虚拟机vm_i 上容器部署的情况。如果 $c_j(1\leqslant j\leqslant S)$ 被部署在vm_i 上，则 $\beta_{i,j}=1$，否则 $\beta_{i,j}=0$。$\boldsymbol{\beta}_i$ 为一个 S 元向量。$\mathbf{B}=(\boldsymbol{\beta}_1^T,\boldsymbol{\beta}_2^T,\cdots,\boldsymbol{\beta}_N^T)^T$ 为 $N\times S$ 矩阵，表示数据中心中所有虚拟机部署容器的情况。

（6）根据数据中心的资源配置关系，各种资源应满足以下约束关系：

$$(vr_x^1,vr_x^2,\cdots,vr_x^N)\,\boldsymbol{\alpha}_i^T\leqslant hr_x^i,\quad x\in\{cpu,ram,bw,disk\} \tag{10.1}$$

$$(cr_x^1,cr_x^2,\cdots,cr_x^S)\,\boldsymbol{\beta}_i^T\leqslant vr_x^i,\quad x\in\{ram,bw,disk\} \tag{10.2}$$

$$(\mu_1(t)cr_{cpu}^1,\mu_2(t)cr_{cpu}^2,\cdots,\mu_S(t)cr_{cpu}^S)\,\boldsymbol{\beta}_i^T\leqslant vr_{cpu}^i \tag{10.3}$$

如果 $\alpha_{i,j}=1$，则 $\forall p\in\{1,2,\cdots,G_j\},\exists q\in\{1,2,\cdots,E_i\}\quad s.t.\quad vpe_p^j\leqslant hpe_q^i$

$$\tag{10.4}$$

如果 $\beta_{i,j}=1$，则 $\forall p\in\{1,2,\cdots,H_j\},\exists q\in\{1,2,\cdots,G_i\}\quad s.t.\quad cpe_p^j\leqslant vpe_q^i$

$$\tag{10.5}$$

$$\forall j\in\{1,2,\cdots,G_i\},\sum_{i=1}^M\alpha_{i,j}=1,\quad \alpha_{i,j}\in\mathbf{A} \tag{10.6}$$

$$\forall j \in \{1,2,\cdots,H_i\}, \sum_{i=1}^{N}\beta_{i,j}=1, \quad \beta_{i,j} \in \boldsymbol{B} \tag{10.7}$$

式(10.1)表示部署在物理机 h_i 上的虚拟机的 CPU、内存、带宽、硬盘资源之和不能超过 h_i 所能提供的资源。式(10.2)表示部署在虚拟机 vm_i 上的容器的内存、带宽、硬盘资源之和不能超过 vm_i 所能提供的资源。式(10.3)表示部署在虚拟机 vm_i 上的容器的 CPU 工作负载之和不能超过 vm_i 所能提供的 CPU 资源,其中, $\mu_i(t)$ 表示容器 c_i 在时刻 t 的 CPU 利用率。式(10.4)表示物理机 h_i 处理核应满足部署在 h_i 上的虚拟机处理核的计算能力需求。式(10.5)表示虚拟机 vm_i 处理核应满足部署在 vm_i 上的容器处理核的计算能力需求。式(10.6)表示每台虚拟机只能被部署在一台物理机上。式(10.7)表每个容器只能被部署在一台虚拟机上。

10.3.2　数据中心的能耗模型

数据中心拥有空调、交换机、路由器等耗能设备,但物理机是最大的能源消耗者。对物理机来说,它的 CPU、内存、网卡、内存等也都是耗能设备。相比其他部件,CPU 是主要的耗能部件,也是能耗变化最为频繁的部件,而 CPU 的利用率的变化是造成物理机整体能耗变化的主要因素。

在实际运行过程中,物理机的 CPU 利用率是一个动态变化的过程,该变化主要由虚拟机和容器的 CPU 利用率变化引起。分别使用 $\pi_i(t)$、$\gamma_i(t)$ 和 $\mu_i(t)$ 表示物理机 h_i、虚拟机 vm_i 和容器 c_i 在时刻 t 时 CPU 的利用率。

定义 10.1 已知在虚拟机 vm_j 上的容器部署情况为 β_j,则 vm_j 在时刻 t 的 CPU 利用率是部署在 vm_j 上所有容器在时刻 t 的工作负载之和与 vm_j 自身 CPU 资源大小之间的比值,记为

$$\gamma_j(t) = \frac{\sum_{k=1}^{S}\beta_{j,k}\mu_k(t)\mathrm{cr}_{\mathrm{cpu}}^{k}}{\mathrm{vr}_{\mathrm{cpu}}^{j}} \tag{10.8}$$

定义 10.2 已知在物理机 h_i 上的虚拟机部署情况为 α_i,则 h_i 在时刻 t 的 CPU 利用率是部署在 h_i 上所有虚拟机在时刻 t 的工作负载之和与 h_i 自身 CPU 资源大小之间的比值,记为

$$\pi_j(t) = \frac{\sum_{j=1}^{N}\alpha_{i,j}\gamma_j(t)\mathrm{vr}_{\mathrm{cpu}}^{j}}{\mathrm{hr}_{\mathrm{cpu}}^{i}} \tag{10.9}$$

定义 10.3 已知物理机 h_i 在时刻 t 的 CPU 利用率为 $\pi_i(t)$，h_i 在时刻 t 的能耗与 $\pi_i(t)$ 是一种函数关系，记为

$$p_i(t) = f(\pi_i(t)) \tag{10.10}$$

$p_i(t)$ 是一个单调递增的非负函数。

定义 10.4 已知在物理机 h_i 上的虚拟机部署情况为 α_i，则 h_i 在 $t_1 \sim t_2$ 时间内的能耗记为

$$P_i(t_1, t_2) = \int_{t_1}^{t_2} p_i(t) \mathrm{d}t = \int_{t_1}^{t_2} f(\pi_i(t)) \mathrm{d}t \tag{10.11}$$

定义 10.5 已知物理机上虚拟机的配置情况为 A，虚拟机上容器的部署情况为 B，则数据中心在 $t_1 \sim t_2$ 时间的能耗为所有物理机能耗之和，记为

$$P(t_1, t_2) = \sum_{i=1}^{M} P_i(t_1, t_2) = \sum_{i=1}^{M} \int_{t_1}^{t_2} f(\pi_i(t)) \mathrm{d}t) \tag{10.12}$$

假设数据中心当前要执行的云任务集合为 C，为了降低数据中心的整体能耗，根据前面的定义，定义目标函数如下：

$$F_{\text{target}} = \min_{a_{i,j}, \beta_{j,k}} (P(t_{\text{start}}, t_{\text{finish}})) \tag{10.13}$$

其中，t_{start} 为 C 开始执行的时间，t_{finish} 为 C 执行完成时间，$1 \leqslant i \leqslant M, 1 \leqslant j \leqslant N, 1 \leqslant k \leqslant S$。

由目标函数可知，对于相同的云任务集合 C，数据中心能耗优化问题本质上是要解决虚拟机和容器在部署、迁移时的物理机选择问题。

10.4　主机选择策略及改进

数据中心的物理机数量庞大，例如，腾讯天津数据中心服务器数量已经突破 10 万台，而且在同一数据中心有各种不同品牌、型号的物理机，它们在运行过程中利用率和能耗情况也有所不同。此外，数据中心计算资源充足，对于云任务集合 C，其运行所需要的虚拟机和容器一般不会被部署在所有物理机上。因此，虚拟资源配置和迁移时使用的物理机选择策略对数据中心的能耗有较大影响。

10.4.1　常用物理机选择策略

当前，云计算环境常用的物理机选择策略主要有随机选择(Random)、先来先得(First

Fit,FF)、最大利用率优先(Most Full,MF)、最小利用率优先(Least Full,LF)等。

（1）随机选择：在所有可用的物理机中随机选择一台作为初始部署或迁移目标。

（2）先来先得：按照数据中心物理机的偏爱列表从头到尾进行遍历，找到的第一台合适的物理机作为初始部署或迁移目标。

（3）最大利用率优先：计算所有可用的物理机在初始化或迁移时刻的利用率，选取利用率最大的物理机作为初始部署或迁移目标。

（4）最小利用率优先：计算所有可用的物理机在初始化或迁移时刻的利用率，选取利用率最小的物理机作为初始部署或迁移目标。

以上几种策略中，随机选择策略最为简单，每台物理机被选择的机会均等，起到公平调度的效果，但没有考虑利用率的问题。FF可以按照某种方式对物理机进行偏爱设置，排在列表前面的物理机被选择的机会大于列表后面的物理机。MF与LF较为复杂，要计算每台物理机的利用率。选择利用率大的物理机，单位时间能耗会相对较大，但处理时间相对较少；选择利用率小的物理机，单位时间能耗相对较小，但处理时间相对较长。

根据前面的分析，式(10.10)中 $p_i(t)$ 是一个单调递增的非负函数，意味着物理机利用率越高，单位时间能耗也就越高。因此，利用率是影响物理机能耗的一个重要因素。但是，由式(10.12)可知，物理机一段时间内的能耗不仅与这段时间内该物理机的利用率有关，也与该物理机单位时间的能耗有关。如果只考虑利用率对能耗的影响，而不考虑物理机本身固有的属性(例如功率等)，得到的结果未必是最优结果。

10.4.2　物理机选择策略的改进

由式(10.11)可知，在一个数据中心的调度间隔 $t_1 \sim t_2$ 内某台物理机的能耗是该机的能耗函数在这段时间内的积分。计算积分是一个相对复杂的过程，加上数据中心物理机数量众多，如果每台物理机都要频繁计算积分，容易造成计算量过大。对式(10.11)使用线性插值进行拟合，可得：

$$\int_{t_1}^{t_2} p_i(t)\mathrm{d}t \approx \left(p_i(t_1) + \frac{p_i(t_2) - p_i(t_1)}{2} \right)(t_2 - t_1)$$

$$= \left(\frac{p_i(t_2) + p_i(t_1)}{2} \right)(t_2 - t_1) \qquad (10.14)$$

由式(10.14)可知，只要知道 t_1 时刻与 t_1 时刻容器的利用率，便可用式(10.8)和式(10.9)计算出物理机的利用率,进而可用式(10.10)和式(10.14)计算出该机在 $t_1 \sim$ t_2 的能耗值。当把物理机在前一时间段的能耗值都计算出来后,可以用此值作为物理机选择的依据,选择能耗值较小的物理机作为部署和迁移的目标物理机。因为根据物体的聚类性质,邻近事物具有类似的特性。前一时段能耗较小的物理机,后一时段能耗同样较小的概率较大。本章将这种物理机选择算法称为 PowerFull 算法,简称 PF 算法。PF 算法描述如下:

步骤 1,将空闲与关闭的物理机放入排他集 X。

步骤 2,将所有有任务运行的物理机放入运行集 E 中,并使用式(10.8)和式(10.9)计算 E 中每台物理机的 CPU 利用率。

步骤 3,将 E 中过载的物理机和欠载的物理机移入 X。

步骤 4,使用式(10.10)和式(10.14)计算 E 中每台物理机的能耗的模拟值。

步骤 5,返回 E 中选择模拟值最小的物理机。

10.4.3　算法的复杂度分析

在实际的云计算环境中,有专门的高性能资源调度服务器,根据各物理机、虚拟机及容器的实时运行状况对资源调度进行决策。

在 10.4.2 节的步骤 2 中,资源调度服务器收集所有容器的利用率以计算物理主机的整体利用率,按照式(10.8)和式(10.9),该步骤的时间复杂度为 $O(M \times N \times S)$。但在实际运行过程中,一般有 $M \ll N \ll S$,因此 $\boldsymbol{A}$ 与 $\boldsymbol{B}$ 是 0 和 1 的稀疏矩阵,通过使用稀疏矩阵压缩存储方法和编程技术可使该步骤的时间复杂度降低到 $O(M+N+S)$。

步骤 4 对根据式(10.14)计算每台物理机的能耗模拟值,复杂度为 $O(M)$。

步骤 5 对物理机的能耗模拟值进行排序,假如使用快速排序方法,则复杂度为 $O(M\log M)$。

随机选择策略与 FF 算法不需要计算物理主机的利用率,仅需要选择一台合适的物理主机即可,复杂度为 $O(M)$。LF、MF 与 PF 算法均要计算物理主机利用率并进行排序。相比 LF 与 MF 算法,PF 算法多做了步骤 4,即多了一个复杂度为 $O(M)$ 的步骤。在式(10.14)中,由于 $t_2 - t_1$ 对于每台物理机都是一样的,在实际计算时可用 $p_i(t_2) + p_i(t_1)$ 的值来代表物理机的能耗值进行排序。数据中心中物理机的数量相比容器要少得多,而且步骤 4 只需进行 M 次加法,这对于高性能的资源调度服务器来说,该步骤的时间开销其实可以忽略不计。步骤 4 增加的时间对于数据中心来说完全可以接受。

PF 算法运行在资源调度服务器,算法所需要的容器利用率信息由监视服务器通过常规方法获得,PF 算法不需要虚拟机和容器额外的工作,不会对虚拟机和容器的性能产生影响。

10.5　实验结果及分析

10.5.1　实验环境

CloudSim 是常用的云计算资源调度算法模拟仿真平台,使用 Java 语言开发,开放源代码,可以自定义物理机选择算法、处理机共享算法等常用的云计算资源调度策略。ContainerCloudSim 是 CloudSim 的扩展,提供了容器云环境下计算资源调度算法的建模和仿真。此外,ContainerCloudSim 还建立了数据中心的能耗模型,提供了对各种资源调度算法在数据中心节能方面的表现进行评价的途径。CloudSim 的最新版本 4.0 中集成了 ContainerCloudSim。本节将使用 ContainerCloudSim 作为实验平台对改进后的算法进行验证。

在本次实验中,CPU 实时资源利用率是重要的基础数据。为了使仿真实验更加接近真实场景,本节使用从真实世界的工作负载跟踪获得的数据进行实验。工作负载数据来自 Planet-Lab 基础设施 10 天内监控到数据中心物理机的 CPU 利用率。此外,ContainerCloudSim 中提供了 7 种不同厂商和型号的物理机模型,并提供了它们在不同利用率时的能耗情况,如表 10-1 所示。

表 10-1　数据中心物理主机能耗　　　　　　　(单位:J)

序号	主　　机	0	1	2	3	4	5	6	7	8	9	10
1	HpMl110G3PentiumD930	105	112	118	125	131	137	147	153	157	164	169
2	HpMl110G4Xeon3040	86	89.4	92.6	96	99.5	102	106	108	112	114	117
3	HpMl110G5Xeon3075	93.7	97	101	105	110	116	121	125	129	133	135
4	IbmX3250XeonX3470	41.6	46.7	52.3	57.9	65.4	73	80.7	89.5	99.6	105	113
5	IbmX3250XeonX3480	42.3	46.7	49.7	55.4	61.8	69.3	76.1	87	96.1	106	113
6	IbmX3550XeonX5670	66	107	120	131	143	156	173	191	211	229	247
7	IbmX3550XeonX5675	58.4	98	109	118	128	140	153	170	189	205	222

表 10.1 中表头栏中的数值代表的是不同的利用率区间,如标号为 4 的列表示各种物理机在利用率在 $[0.40,0.50)$ 这个区间时单位时间的能耗值。可见,不同物理机在相同利用率时的能耗是不同的,而且每种物理机的能耗随着利用率的提高而提高。

10.5.2 实验场景

根据云计算环境的多样性,设计实验场景如下:在实验场景 1 中,任务长度固定,有 20~200 个虚拟机需要在数据中心进行部署,每次增加 20 台虚拟机,物理机的数量设为虚拟机的一半,容器数量为虚拟机的 3 倍;在实验场景 2 中,任务长度固定,有 100~200 台虚拟机需要在数据中心进行部署,每次增加 20 台虚拟机,物理机数量固定 100 台,容器数量为虚拟机的 3 倍;在实验场景 3 中,采用动态任务长度,任务长度为 50 000~100 000,物理机 5~120 台,虚拟机 15~500 台,容器 50~2000 个。实验场景 1 与实验场景 2 的物理机数量、虚拟机数量相同。

1. 实验结果及分析

为了验证各种算法在多种不同情况下的节能效果,每个实验场景又分为多个实验小组,每组实验使用同样的云任务、物理机、虚拟机和容器配置。为了描述方便,每组实验使用 HXXX/VXXX/CXXX 的形式标记物理机、虚拟机和容器的数量,如 H10/V100/C500 表示物理机 10 台、虚拟机 100 台、容器 500 个。此外,在实验过程发现随机选择策略得到的能耗值普遍比 FF、LF、MF 和 PF 算法高出很多,将 PF 与该方法相比没有太大意义,因此本节不提供随机选择策略的实验结果。

2. 实验结果

实验场景 1:任务长度固定为 30000。实验分为 5 组,各组的配置情况分别为 G11:H10/V20/C60、G12:H30/V60/C180、G13:H50/V100/C300、G14:H70/V140/C420、G15:H90/V180/C540。每个组的物理机从表 10-1 中随机挑选,小组内的实验使用一致的物理机组合。对 5 个组分别使用 FF、LF、MF 和 PF 进行实验,实验结果如图 10-1 所示。

实验场景 2:任务长度固定为 30 000,从表 10-1 中随机选取 100 台物理机作为本场景实验用物理机。实验分为 6 组,各组的物理机、虚拟机和容器的配置情况分别为 G21:H100/V100/C300、G22:H100/V120/C360、G23:H100/V140/C420、G24:H100/V160/C480、G25:H100/V180/C540、G26:H100/V200/C600。对每个小组分别使用

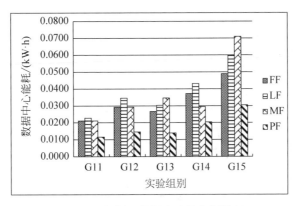

图 10-1 场景 1 数据中心的能耗情况

FF、LF、MF 和 PF 进行比较,结果如图 10-2 所示。

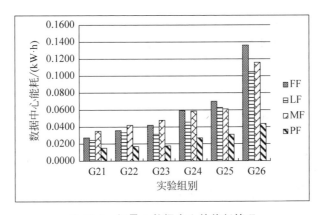

图 10-2 场景 2 数据中心的能耗情况

实验场景 3:任务长度为 50 000~100 000。实验包含 5 组配置,各组的物理机、虚拟机和容器的配置情况分别为 G31:H5/V15/C50、G32:H10/V30/C100、G33:H20/V100/C500、G34:H60/V250/C1000、G35:H120/V500/C2000。每个组的物理机从表 10-1 中随机选择,小组内实验时使用同样的物理机集合。对 5 个小组分别使用 FF、LF、MF 和 PF 进行对比,对比结果如图 10-3 所示。

3. 结果分析

场景 1 模拟的是实际应用中有规律的不同物理机群、不同批量的数据计算服务,任务长度固定,物理机、虚拟机和容器的数量不断增加。FF、LF 和 MF 算法在这几组的实验中各有优劣。但是不管是哪一组实验,PF 在节能方面都比 FF、LF 和 MF 算法

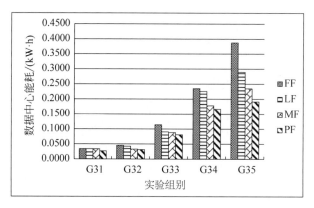

图 10-3　场景 3 数据中心的能耗情况

表现要好,分别平均降低了 45%、53% 和 49%。

场景 2 模拟的是有规律的相同物理机群、不同批量的数据计算服务,任务长度固定,物理机固定,虚拟机和容器的数量依次递增。在这种场景中,从整体上看,FF 与 MF 算法的表现差不多,LF 算法的表现较好,但 PF 算法比 MF 算法表现还要好。与 FF、LF 和 MF 算法相比,采用 PF 算法数据中心能耗分别平均降低了 56%、46% 和 58%。

场景 3 模拟的是无规律的不同物理机群、不同批量的数据计算服务,任务长度不固定,物理机不固定,虚拟机和容器的数量随着任务量的增大而增大。在这种场景中,MF 算法表现不俗,但表现最好的还是 PF 算法。在 5 个组的实验中,采用 PF 算法的数据中心能耗比采用 FF、LF 和 MF 算法分别平均降低了 56%、46% 和 12%。

从图 10-1~图 10-3 可见,不管在哪一种场景中,采用 PF 算法时数据中心的能耗明显比采用 FF、LF 和 MF 算法要低,而且随着任务长度、物理机、虚拟机、容器数量的增大,PF 算法所表现出来的节能效果越好。虽然 FF 算法的时间复杂度要比 LF、MF 和 PF 算法低,但是节能效果较差。PF 与 LF、MF 算法的时间复杂度差不多,但节能效果比 LF 和 MF 算法好。

黄启成等采用的粒子群(Particle Swarm Optimization,PSO)算法对数据中心资源配置进行了优化,在资源利用率与能耗之间做了较好的均衡,但优化后数据中心的整体能耗水平相比 MF 算法并没有降低。虽然本章采用了容器技术,但是由于容器迁移可以使用虚拟机迁移相同的策略,本次实验中只考虑虚拟机、容器如何初始化部署以及虚拟机迁移的问题,不考虑容器的迁移问题,因此本章与黄启成等在能耗方面的实验结果是具有可比性的。总体来说,本章提出的 PF 算法在节能方面优于文献中的算法。

10.6　小结

不管是传统的云计算环境,还是容器云计算环境,数据中心的能耗问题都是云计算服务提供商重点关注的问题,而且如何设计和实现数据中心的节能技术已成为研究的热点之一。本章提出的 PF 算法综合考虑了物理机利用率和物理机单位时间能耗这两个影响数据中心整体能耗的主要因素。算法的基本思想是在保护物理机利用率的前提下选择能耗较低的物理机作为部署和迁移虚拟机、容器的目标物理机。实验结果表明,PF 算法能够有效降低数据中心的整体能耗。但是,不管是 LF 和 MF,还是 PF 算法,每次选择物理机前都要进行资源利用率的计算,这在无形中增加了数据中心的计算量,虽然这些计算量相对于数据中心的整体计算量来说是可以接受的。当前,以深度强化学习为代表的人工智能技术正在成为研究和应用的热点,能否使用深度强化学习方法,通过预先进行的训练与学习,在资源调度时可以直接选择物理机从而减少相关计算是接下来要研究的问题。

第 11 章

两阶段虚拟资源协同

自适应调度

本章重点研究容器云中虚拟资源(虚拟机和容器)在放置时如何提高物理机的资源利用率问题。放置过程分为虚拟机放置和容器放置两个阶段。虚拟机放置阶段受到物理机资源的约束,容器放置阶段受到虚拟机资源的约束。因此,两阶段的资源放置问题可近似为二次装箱问题。首先对该问题进行深入分析,对一次装箱相关的理论方法进行扩展,再将其推广到二次装箱,从而给出问题的形式化定义。然后在扩展后的理论方法的指导下,结合容器比虚拟机灵活的特点,提出两阶段虚拟资源协同自适应放置算法。最后,通过仿真实验验证算法的有效性。

11.1 引言

在公有云(Public Cloud)中,主要采用虚拟化技术来提供各类计算资源,其提供的主要服务模式是 IaaS,例如阿里云、Amazon AWS 等。就 IaaS 云计算服务模式而言,用户根据需要向云服务提供商租用所需的虚拟机资源并支付相应的费用,同时与服务提供商约定 SLA 以有效保证服务质量(QoS)。在服务期间,云服务提供者必须按照 SLA 提供服务,一旦违反 SLA,一方面可能给用户带来不可预计的损失;另一方面可能造成用户使用体验感差,导致用户的流失,影响市场占有率。云服务提供商为了保证 SLA 的达成,需要提供充足的物理资源来满足虚拟资源的需求,甚至要有部分冗余以备不时之需。随着物理资源的增加,如果不对物理资源进行有效的管理与利用,必将造成运营成本的增加,从而影响云服务提供商的效益。如何提高物理资源的利用率已经成为云服务提供商主要考虑的问题之一。

在容器云平台中,虚拟资源主要包括虚拟机资源和容器资源。为了提高物理资源的利用率,虚拟资源的合理配置就显得尤为重要。按照用户提出的虚拟资源的需求,云服务提供商可以采用不同的虚拟资源放置策略来优化数据中心的资源配置。在容器云环境中,虚拟机与物理机之间、容器与虚拟机之间不同的映射关系,会带来不同的物理资源利用率,从而带来不同的能源消耗。因此,如何将用户申请的虚拟资源合理地放置在数据中心的物理机上,以提高资源的利用率,减少能源消耗,减少数据中心的运营和管理成本,提高整体效益,已成为云服务提供商主要考虑的问题。本章的目的就是通过优化虚拟机放置方法来有效地提高数据中心物理资源利用率。

11.2　国内外发展现状

11.2.1　静态调度法

Rodriguez 和 Buyya 设计了一种在执行时间约束下的费用最小化工作流调度通用模型,并设计了一种基于粒子群优化算法的云资源调度供给算法。中山大学陈棕杆等基于该通用模型,针对粒子群优化算法存在的违反截止时间约束的问题,设计了一种基于两阶段遗传算法的云工作流资源供给策略,算法首先搜索截止时间约束下优化任务执行时间,然后以得到的可行解为初始条件,搜索租用费用最小化的资源供给方案。

11.2.2　动态调度法

Byun 等提出了一种混合云下资源供给算法 BTS 及其在虚拟单元价格周期变化约束下的改进算法。两种算法的核心思想都是根据工作流任务的调度时延进行优先级设置,较小时延的任务会被分配较高的优先级和更多的资源。

本书在动态资源供给领域开展的研究:通过将云环境下的资源调度抽象为序贯决策问题,设计了一种基于强化学习的资源调度算法,并引入分段服务等级协议和单位时间费用利用率两个性能指标重新设计了回报函数;针对虚拟化放置问题,设计了一种虚拟机多目标综合评价模型,并提出了一种多目标粒子群优化算法进行虚拟机动态放置。

11.2.3　混合调度法

Maheshwari 等针对混合式资源供给环境,设计了一种基于资源执行力和网络吞吐量预测模型的多站点工作流调度算法。Lee 等针对混合云环境下的任务包应用,引入一个简单、有效的目标函数帮助用户进行决策。王伟等设计了一种混合云中异构资源公平调度算法,引入优势资源公平指标实现用户间和应用间资源分配的相互制约。

本书在资源混合供给领域开展的研究:为了准确地掌握资源动态负载和可用能力信息,提出一种基于熵优化和动态加权的资源评估模型,其中熵优化模型利用最大熵和熵增原理的目标函数及约束条件,筛选出满足用户 QoS 和系统最大化要求的资源,对筛选后的资源再进行动态加权负载评估,对负载过重及长期不可用资源进行迁移或释放等,以减少能耗、实现负载均衡和提高系统利用率。

11.2.4　局限性分析

大部分工作的资源供给,或针对单工作流,或针对同时提交的多工作流,或针对不同时间提交但 QoS 需求相同的多工作流,鲜见针对不同时间提交的不同 QoS 需求的多工作流,因此不够贴近真实的云工作流应用环境。

目前相关文献中绝大部分工作都是以虚拟机为基本虚拟化单元,但其替代技术——容器虚拟化技术可实现用户私人定制,种类繁多,异构性更强,因此资源类型和计价方式都要重新考虑和设计。

11.3　系统模型

假设某大型公司计划组建一个虚拟机集群,为了提高集群的稳定性和灵活性,准备将其部署到某云服务提供商(联盟)的若干数据中心,如图 11-1 所示。

在如图 11-1 所示的系统模型中,公司通过租用数据中心的虚拟机代替物理服务器的方式,将服务器放置在云端,并分布在各个不同的数据中心。公司有设计师、会计师等若干用户,他们根据工作需要不定时访问远程服务器。各个数据中心之间通过高速专用网直接或间接连接。公司与某些数据中心之间经普通链路直接连接。公司用户通过内部局域网连接到公司网络出口控制器,再由出口控制器连接到需访问的远程服

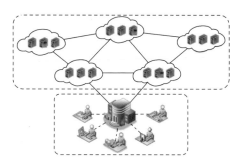

图 11-1　系统模型

务器。整个服务过程分为虚拟机租用和虚拟机使用两个阶段。

11.3.1　虚拟机租用阶段系统子模型

本阶段的目标是在所有可用数据中心当中找到最佳数据中心以放置用户虚拟机。对用户来说,本阶段最佳数据中心是指在满足 SLA 的情况下,需要付出的计算资源成本和网络通信成本最少。计算资源成本主要由租用虚拟机 CPU、内存、外存和带宽等计算资源费用构成。网络通信成本则主要包括传输的时延、可靠性、安全性等。

将某个云服务提供商(联盟)所有的数据中心(数据中心群)抽象为一个非完全图 $G=(V(G),E(G))$,其中 $V(G)$ 代表数据中心,$E(G)$ 代表数据中心之间的网络连接。为不失一般性,假设任意两个数据中心之间只有一条网络连接,即 G 为简单图。对于任何的 $v_i,v_j \in V(G)$,如果数据中心 v_i 和数据中心 v_j 之间有专用的高速网络连接,则它们之间有边。

在本章研究的问题中,租用虚拟机是公司的行为。为了描述方便,将用户 U 抽象为特殊的顶点 u,并将其加入到 G 中后形成新图 $\widetilde{G}$。如果 u 与数据中心 v_i 有网络可以到达,则意味着它们之间应该有一条边 $\{v_i,u\}$,并将其加入到 $\widetilde{G}$ 中,即 $\widetilde{G}=G+\{v_i,u\}$。$\widetilde{G}$ 中边长 $e_{i,j}(v_i,v_j \in V(\widetilde{G}))$ 均是带权的,权值表示数据中心之间或者用户与数据中心的通信成本,表示为 $|e_{i,j}|$。顶点 $v_i(v_i \in V(\widetilde{G}))$ 也是带权的,权值表示要租用的虚拟机如部署在数据中心 v_i 时需付出的计算资源成本。

在 $\widetilde{G}$ 中,两个数据中心之间或者用户与数据中心之间的通信链路是它们之间的一条路。路是这样的图 $P(v_1,v_{k+1})=(\{v_1,v_2,\cdots,v_{k+1}\},\{e_1,e_2,\cdots,e_k\})$,其中 $v_i \neq v_j$

$(1 \leqslant i < j \leqslant k+1)$。序列 $v_1, e_1, v_2, \cdots, v_k, e_k, v_{k+1}$ 是一条路径,也记为 $P_{v_1, v_{k+1}}(G)$,表示为 G 的一条路,即一条从 v_1 到 v_{k+1} 的路。v_1 和 v_{k+1} 是 P 的端点。$P(v_1, v_{k+1})$ 或 $P_{v_1, v_{k+1}}(G)$ 中边的数量表示为该路的长度,记为 $|P(v_1, v_{k+1})|$ 或 $|P_{v_1, v_{k+1}}(G)|$。对两个顶点 v 到 w,用 $\mathrm{dist}(v, w)$ 或 $\mathrm{dist}_G(v, w)$ 来表示 G 中最短 v-w 路的长度(即从 v 到 w 的距离)。若不存在 v-w 路,此即从 v 不能到达 w,则令 $\mathrm{dist}(v, w) := \infty$。在无向图中,$\mathrm{dist}(v, w) = \mathrm{dist}(w, v)$。

1. 计算资源成本

由于不同数据中心的硬件设施、管理方式存在一定的差异性,不同数据中心有不同的计算资源价格。在数据中心中,计算资源的计费方式通常是单位时间价格、资源数量与租用时长三者之间的乘积。为了描述方便,在本章中租用时长统一为单位时间。通常情况下,CPU 的计价单位为 MIPS 或者核心个数,内存的计价单位为 GB,外存的计价单位为 GB,带宽的计价单位为 Mb/s。给定数据中心 v_i,假设 CPU 的单位价格为 p_i 元,内存的单位价格为 m_i 元,外存的单位价格为 d_i 元,带宽的单位价格为 w_i 元。假设用户租赁的虚拟机的配置为:CPU 的计算能力为 a MIPS,内存为 b GB,外存为 c GB,带宽为 d Mb/s。将虚拟机部署在 v_i 所需的计算资源成本定义为以 v_i 为顶点的价值函数 $t: V(\widetilde{G}) \to \mathbb{R}$

$$t(v_i) = a \times p_i + b \times m_i + c \times d_i + d \times w_i \tag{11.1}$$

2. 网络通信成本

在数据中心之间,为了提高数据通信能力和速度,通常利用专用的高速网络进行连接。但是,并不是所有数据中心两两之间都存在直接的高速网络,有些数据中心之间的数据通信需要以其他数据中心作为中介。用户的通信成本与传输距离、中转数量等成正比关系。给定云服务提供商(联盟),假设 U 选择的数据中心为 v,定义边价值函数 $f: E(\widetilde{G}) \to \mathbb{R}$ 为

$$f(e_{i,j}) = |e_{i,j}| \tag{11.2}$$

假设 u 与 v 之间的通信链路为路 P,则 u 与 v 之间的通信成本表示为

$$P_{\widetilde{G}, f}(u, v) = f(E(P_{u,v}(\widetilde{G}))) = \sum_{e_{i,j} \in E(P_{u,v}(\widetilde{G}))} |e_{i,j}| \tag{11.3}$$

若 u 与 v 之间的通信链路为最短边权路,即 $\mathrm{dist}_{\widetilde{G}, f}(u, v)$,则可表示为

$$\text{dist}_{\widetilde{G},f}(u,v) = f(E(\text{dist}_{\widetilde{G}}(u,v))) = \sum_{e_{i,j} \in E(\text{dist}_{\widetilde{G}}(u,v))} |e_{i,j}| \qquad (11.4)$$

在实际应用中,由于两个数据中心之间通常通过高速网络进行连接,其中的时延通常可以忽略不计,主要的时延和可靠性等因素主要取决于通信链路中边的数量。在不影响最终结果的前提下,为了简化问题求解过程,将这些因素统一表示为通信成本系数 ρ,这样,式(11.4)可以表示为

$$P_{\widetilde{G},f}(u,v) = f(E(P_{u,v}(\widetilde{G}))) = \rho |P_{u,v}(\widetilde{G})| \qquad (11.5)$$

3. 总成本

将虚拟机放置在数据中心 v 上既要考虑计算资源成本,又要考虑网络通信成本。需要支付的总成本记为 $c(v_i)$。由前面的分析可知,总成本由计算资源成本和网络通信成本两部分构成。由式(11.1)和式(11.5)可得

$$c(v) = t(v) + P_{\widetilde{G},f}(u,v)$$

$$= t(v_i) + f(E(P_{u,v}(\widetilde{G})))$$

$$= a \times p_i + b \times m_i + c \times d_i + d \times w_i + \rho |P_{u,v}(\widetilde{G})| \qquad (11.6)$$

由于云计算具有可扩展性的特点,因此假设用户对虚拟机的 CPU、内存、外存和带宽的要求均能被所有数据中心满足。为了保证数据的完整性及可靠性,要求一个虚拟机只能被放置在一个数据中心。虚拟机租用阶段的目标为:在所有可用的数据中心中,选择一个放置用户的虚拟机,使用户需要支付的总成本最少。形式化定义如下:

$$Z_{u \to v_i} = \min_{v_i \in V(G)} c(v_i) \qquad (11.7)$$

11.3.2　虚拟机使用阶段系统子模型

当公司在若干个数据中心部署好虚拟机服务器之后,公司内的各个用户就可以将作业提交到虚拟机服务器上面进行处理。由于有多个位于不同数据中心的虚拟机服务器可以使用,而且在某时刻,不同数据中心中的虚拟机服务器的状态是不一样的,因此不同的作业提交方式会带来不同的调度效果。用户最为关心的是尽可能减小作业的完工时间,这也是本阶段的研究目标。为了方便问题描述,将本阶段的系统模型进行细化,如图 11-2 所示。

在如图 11-2 所示的作业提交子系统模型中,用户将种类各异的作业提交到虚拟机

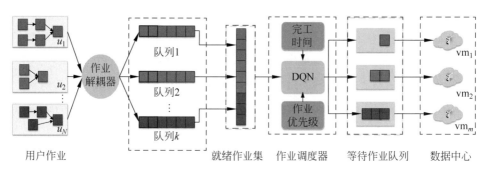

图 11-2　作业提交系统子模型

服务器进行部署运行。用户作业中不仅包含原子作业,也包含拥有多个存在依赖关系子任务的作业。云服务系统接收到用户提交的作业负载,首先需要对作业进行子任务解耦,按照子任务之间的依赖性、优先级等组织成多个作业队列。作业调度器负责将不同队列中的作业部署到云系统的虚拟机中,充分利用可用虚拟机资源,以达到用户期望的服务质量,如最小化作业完工时间等指标。作业提交后,从各个作业队列中按照先来先服务的规则,取出批量作业来组成就绪作业集,作为调度器的调度单位。在此模型中,作业的完成时间主要由执行时间、等待时间和传输时间构成。

假设在某个时隙 t,共有 N 个用户有作业要提交到数据中心进行处理,这些有计算任务的用户用集合 $\{u_1, u_2, \cdots, u_N\}$ 表示。用户 u_k 的第 i 个作业用三元组 $J_i^k = (D_{in}^k(i), L^k(i), D_{out}^k(i))$ 表示,其中 $D_{in}^k(i)$ 表示 J_i^k 需要传输到数据中心的数据量,$L^k(i)$ 表示 J_i^k 的长度,$D_{out}^k(i)$ 表示 J_i^k 完成后,数据中心传回给 u_k 的处理结果数据量。在获得作业三元组后,便可以建立多用户多数据中心中关于用户作业响应时间的计算模型。

1. 作业执行时间

假设分配给作业 J_i^k 的 MIPS 为 a_i^k,J_i^k 在数据中心中的执行时间记为 $t_{i,e}^k$,则

$$t_{i,e}^k = \frac{L^k(i)}{a_i^k} \gamma \omega \qquad (11.8)$$

其中,γ 为 mb 到 b 的转换系数,ω 为虚拟机完成每单位长度作业所需要的 CPU 周期。

2. 作业传输时间

在作业传输过程中,虚拟机的带宽资源采用均等分配策略,将带宽资源平均分配给各个用户,因此每个任务分配到的带宽资源为:

$$r_{\mathrm{bw}}^{m} = \frac{d}{N_t^m} \tag{11.9}$$

其中，N_t^m 表示在时隙 t 需要传输到某虚拟机的作业数。

J_i^k 向数据中心传输数据所需要的时间记为 $t_{i,\mathrm{in}}^k$，则

$$t_{i,\mathrm{in}}^k = \frac{D_{\mathrm{in}}^k(i)}{r_{\mathrm{bw}}^m} \tag{11.10}$$

类似地，J_i^k 完成后数据中心向 u_k 返回处理结果所需要的传输时间记为 $t_{i,\mathrm{out}}^k$，则

$$t_{i,\mathrm{out}}^k = \frac{D_{\mathrm{out}}^k(i)}{r_{\mathrm{bw}}^m} \tag{11.11}$$

作业 J_i^k 的总传输数据量记为 d_i^k，则

$$d_i^k = D_{\mathrm{in}}^k(i) + D_{\mathrm{out}}^k(i) \tag{11.12}$$

作业 N 的总传输时间记为 $t_{i,t}^k$，则

$$t_{i,t}^k = t_{i,\mathrm{in}}^k + t_{i,\mathrm{out}}^k = \frac{d_i^k}{r_{\mathrm{bw}}^m} \tag{11.13}$$

3. 作业等待时间

当被用户选中的虚拟机计算能力不足时，提交的作业将进入虚拟机的等待队列，令 $t_{i,\mathrm{w}}^k$ 为数据中心的排队时间，表示在 J_i^k 之前进入队列等待执行的作业的执行时间总和，则

$$t_{i,\mathrm{w}}^k = \sum_{J_j \in Q} t_{j,\mathrm{e}} \tag{11.14}$$

其中，Q 表示在 J_i^k 之前进入队列并等待执行的作业集合。

4. 作业完工时间

J_i^k 的完工时间记为 T_i^k，则

$$T_i^k = t_{i,\mathrm{e}}^k t_{i,t}^k + t_{i,\mathrm{w}}^k \tag{11.15}$$

5. 作业完工时间的形式化定义

将作业合理地提交到不同数据中心的虚拟机服务器，要尽可能减少作业的完工时间。若调度策略记为 π，则虚拟机使用阶段问题的优化目标为：

$$S(J) = \min_{\pi} \sum_{J_i^k \in J} T_i^k \tag{11.16}$$

11.4 数据中心选择算法

在选择数据中心时,租用虚拟机阶段主要考虑使用成本,使用虚拟机阶段主要考虑服务质量。使用成本由计算资源成本和网络通信成本构成,对于同一用户,a、b、c、d 的值是相同的,因此就某个具体的数据中心 v_i 而言,$t(v_i)$ 容易计算和比较大小。而网络通信成本与通信路径有关,计算起来则较为复杂,需要先计算 $dist(u,v)$,然后才能计算 $dist_{\widetilde{G},f}(u,v)$。当 $t(v_i)$ 与 $dist_{\widetilde{G},f}(u,v)$ 计算出来后,将它们的和作为选择数据中心的标准。服务质量则主要体现在保证用户作业要尽早完成以提供给用户最快的响应。由于作业类型各异且运行环境多变,所以达到该目标并不容易。数据中心选择问题是一个两阶段多目标优化问题,求解过程比较复杂。而深度强化学习凭借其强大的决策能力和感知能力,是解决复杂感知决策问题的有效办法。以下将研究如何通过深度强化学习算法解决上述两个问题。

11.4.1 深度强化学习

深度强化学习最常用的实现算法是 DQN(Deep Q-Network)算法。具体的 DQN 模型如图 11-3 所示。

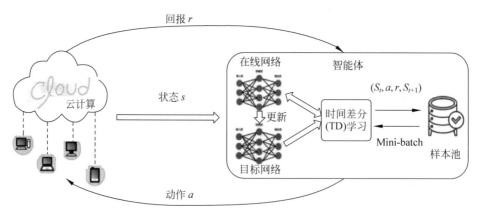

图 11-3 DQN 模型

在 DQN 模型中,智能体通过不断与云环境进行交互探索,通过回报函数和经验回放机制,累积学习经验,以寻找最优的调度策略。在训练过程中,云环境将当前时间步

t 的系统状态 S_t 作为智能体的网络输入，获得智能体按照策略 π 选择的动作 a_t、回报值 r_t 和下一时间步的状态 S_{t+1}，并将数据集 (s_t,a,r,s_{t+1}) 作为训练样本存储到经验池中，待经验池中的样本数达到预定值后，从中随机抽取一定批量的样本，进行模型参数训练，目标是最大化期望累积折扣回报：

$$Q^*(s,a)=\max_\pi E\left[r_t+\gamma r_{t+1}+\gamma^2 r_{t+2}+\cdots \mid s_t=s,a_t=a,\pi\right] \quad (11.17)$$

模型采用 Mini-batch 训练方法，每个训练回合均从经验池中随机选取 M 条经验 (s,a,r,s')，将状态 s 作为在线网络的输入，获得动作 a 的当前 Q 值，将下一状态 s' 作为目标网络的输入，获得目标网络中所有动作中的最大 Q 值。我们采用均方差（Mean-Square Error，MSE）来定义损失函数为

$$L_i(\theta_i)=E_{(s,a,r,s')\sim D(M)}\left[\left(r+\gamma\max_{a'}Q(s',a';\tilde{\theta}_i)-Q(s,a;\theta_i)\right)^2\right] \quad (11.18)$$

其中，$\gamma\in[0,1]$ 为折扣因子，θ_i 表示在第 i 次迭代时在线网络的参数，$\tilde{\theta}_i$ 表示用来计算第 i 次迭代时目标网络的参数。计算参数 θ 关于损失函数的梯度为

$$\nabla_{\theta_i}L(\theta_i)=E_{(s,a,r,s')\sim D(M)}\left[\left(r+\gamma\max_{a'}Q(s',a';\tilde{\theta}_i)-Q(s,a;\theta_i)\right)\nabla_{\theta_i}Q(s,a;\theta_i)\right]$$

$$(11.19)$$

为了加快收敛速度，我们使用随机梯度下降法（Stochastic Gradient Descent，SDG）来更新参数 θ。具体的 DQN 训练如算法 11.1 所示。

算法 11.1　DQN 训练算法

输入：状态空间 S，动作空间 A，回报函数 r，折扣因子 γ 等
输出：训练好的网络

1. initialize state spaces S, action spaces A, reward function r and other parameters
2. initialize memory D to capacity M
3. initialize a state s randomly, and set the observation value
4. create the neural network
5. **for** each episode **do**
6. 　select an action a according to the policy
7. 　perform a, then get the reward(r), the new state(s') and whether the target state(done)
8. 　save$(s,a,r,s',$done$)$ to D
9. 　**if** the number of data in the memory exceeds M **then**
10. 　　extract part of the data in the memory as training samples randomly
11. 　　take the s' of all training samples as the input of the network and perform batch processing to obtain the Q value of each action of s'
12. 　　compute the target Q value with $Q(s,a)=r+\gamma*\max[Q(s',$all actions$)]$

```
13.              train the network with Q and targetQ
14.          else
15.              if s′ is the target state then
16.                  set a random state to s
17.              else
18.                  set s′ to s
19.              end if
20.          end if
21.      end for
```

当 DQN 网络训练好之后，便可以使用该网络进行数据中心选择。但是由于租用虚拟机阶段和使用虚拟机阶段的问题场景和优化目标有所不同，所以这两个阶段的深度强化学习不能使用相同的状态空间、动作空间、回报函数和网络结构，具体的选择算法也有会差异。

11.4.2　虚拟机租用阶段的数据中心选择

云服务提供商(联盟)的数据中心可以表示为无向非完全图。通过将用户抽象为一个特殊的顶点，虚拟机租用阶段数据中心选择中的网络通信成本计算问题可以转化为计算用户顶点到所有数据中心顶点的最短路径问题，即计算用户顶点到其他数据中心顶点的最短路径，是单源多目标问题。但是，深度强化学习解决的是单目标问题。实质上，这两个问题是互逆的，只要求得各顶点(数据中心)到目标顶点(用户)的最短路径，再将此路径逆过来，即为用户到各数据中心的最短路径。下面研究如何应用深度强化学习来解决该问题。

1. 状态空间

为了获得数据中心顶点到用户顶点的最短路径，需要智能体在图上进行探索，即从某个顶点按照某种策略移动到相邻顶点。当智能体从一个顶点移动到相邻顶点后，系统的状态将发生改变。因此，可以将顶点的编号作为智能体的状态，这样目标状态即为用户顶点的编号。假设数据中心的编号为 $0,1,\cdots,n-1$，而用户的编号为 n，则智能体的状态空间 $S=\{0,1,2,\cdots,n-1,n\}$，其中 n 为目标状态。按照这种状态表示方法，当智能体处于顶点 $v_i(0\leqslant i\leqslant n)$ 时，系统状态即为 i。

2. 动作空间

动作空间由智能体在某一状态下所有可能采取的动作构成。由于状态空间由顶点的编号构成,相应的动作空间自然地可以由边构成,表示状态 i(顶点 v_i)沿着边 $e_{i,j}$ 移动到达状态 j(顶点 v_j),并将该动作记为 j。因此,类似地,假设数据中心的编号为 $0,1,\cdots,n-1$,则 Q 学习中智能体的动作空间 $A=\{0,1,2,\cdots,n-1,n\}$。

3. 回报函数

回报函数用来表示智能体在某状态下执行某个动作后获得的回报值。如果智能体在两个没有边连接的顶点之间移动,即选择了不合理动作,那么要给予负惩罚,回报值为 -1。如果沿着某条边移动,但是移动到的并非目标节点,那么这时不给奖赏也不给惩罚,回报值为 0。如果移动到了目标节点,则给予较大的奖赏以奖励,回报值为 100。因此,回报函数可以表示为

$$r=\begin{cases} 1, & e_{ij} \text{ 不存在} \\ 0, & e_{ij} \text{ 存在,但 } v_j \text{ 不是目标节点} \\ 100, & e_{ij} \text{ 存在且 } v_j \text{ 是目标节点} \end{cases} \tag{11.20}$$

11.4.3　虚拟机租用阶段的数据中心选择算法

当 DQN 网络训练好后,可以通过 DQN 网络获得从各个数据中心到用户之间的最短路径,进而计算各个数据中心的网络通信成本,再与数据中心顶点值(即计算机资源成本)相加,求得用户将虚拟机放置在各个数据中心的总成本,以此为标准选出成本最少的若干数据中心作为放置虚拟机的目标数据中心。虚拟机租用阶段的数据中心选择算法描述如算法 11.2 所示。

算法 11.2　基于 DQN 的虚拟机租用阶段数据中心选择算法

输入:DQN 网络,要求 DC 的数量,资源的价格,虚拟机的配置
输出:最优数据中心

1.   **for** each available DC(v_i) **do**
2.   compute the computing resources's cost
3.   get the shortest path from v_i to u
4.   compute the communication's cost
5.   compute the total cost
    end for
6.   sort all dc according to the total cost in ascending order
7.   select several DCs that meet the requirements from the ordered sequence

---

11.4.4　虚拟机使用阶段的数据中心选择

当在数据中心中部署好虚拟机之后,公司的各个用户就可以将负载提交到虚拟机进行处理。用户负载经过作业解耦器解耦后进入作业队列,等待作业调度器的调度。作业调度器在每个调度时刻,将就绪作业集中的作业按数据中心选择算法发送给不同数据中心的虚拟机服务器执行。由于作业种类、数量以及虚拟机的运行状态均是不断变化的,所以本阶段的数据中心选择算法尤为复杂。鉴于深度强化学习强大的感知能力和决策能力,故用其来解决该问题。

1. 状态空间

状态空间代表智能体所感知的环境信息,以及执行动作决策后带来的变化。这一阶段的状态空间由就绪作业集状态信息和虚拟机群状态信息两部分组成。

(1)就绪作业集状态信息 S_J 表示为 $\{t_1,d_1,t_2,d_2,\cdots,t_n,d_n\}$,其中,$t_i$ 和 d_i 分别表示就绪作业集中第 i 个作业所需要的执行时间和传输的数据量,n 为就绪作业集的大小。

(2)虚拟机群状态信息 S_{VM} 表示为 $\{vm_t^1,vm_w^1,vm_t^2,vm_w^2,\cdots,vm_t^m,vm_w^m\}$,其中,$vm_t^i$ 表示在当前时刻第 i 个虚拟机中剩余可用的计算能力,vm_w^i 表示在当前时刻部署到第 i 个虚拟机中等待执行的作业数量,m 为虚拟机的数量。

因此,状态空间可以表示为 $S=\{S_J,S_{VM}\}$。

2. 动作空间

作业调度器的任务是为就绪作业集选择合适的虚拟机进行部署执行,假设就绪任务集的大小为 n,虚拟机的个数为 m,则动作空间可以表示为 $A=\{a_1,a_2,\cdots,a_n\}$,每个动作 a_i 有 $m+1$ 个可选项,其中第一个选项表示空动作,第二个选项表示安排到第2个虚拟机,以此类推。采用二进制独热码的形式表示,例如,$a_1=(0,0,1,0)$表示作业1选择部署到虚拟机2;$a_2=(1,0,0,0)$表示作业2采用空动作,本次调度不安排到任何虚拟机。

3. 回报函数

回报函数设计在深度强化学习中是极其重要的一环,通过将任务目标具体化和数值化,引导智能体通过探索生成动作策略。回报函数的设计是否符合目标需求将决定智能体能否学到期望的策略,并间接影响算法的收敛速度和最终性能。本阶段的优化目标为最小化作业调度的整体完成时间,因此,针对完成的作业给予正回报,对于要等待的作业给予负回报,鼓励作业能够尽快完成。回报函数定义为:

$$R_{\text{makspan}} = \sum_{i=0}^{m} N_{\text{c}}^{i} - \sum_{i=0}^{m} N_{\text{w}}^{i} \tag{11.21}$$

其中,N_{c}^{i} 和 N_{w}^{i} 分别表示 vm_i 已完成的作业数量和正在等待的作业数量。

11.4.5　虚拟机使用阶段的数据中心选择算法

当作业调度器的 DQN 网络训练好之后,在每个调度时刻,就可以根据就绪作业集和虚拟机群的状态,选择合适数据中心来部署作业的执行。具体的数据中心选择算法描述如算法 11.3 所示。

算法 11.3　基于 DQN 的虚拟机使用阶段数据中心选择算法

　　　　　输入:DQN 网络,用户作业集
　　　　　输出:选择结果及作业响应时间
1.　　　　**for** each job J_i^k in J $\text{DC}(v_i)$ **do**
2.　　　　　　put the results into job queues
3.　　　　**end for**
4.　　　　**while** all job queues are not empty **do**
5.　　　　　　select some jobs into the ready jobs collection
6.　　　　　　wait the scheduling moment
7.　　　　　　select the datacenters and vms with DQN
8.　　　　　　deploy the jobs on the vms and execute
9.　　　　**end while**

11.5　实验验证

11.5.1　虚拟机租用阶段实验结果与分析

假设某云服务提供商(联盟)在东北、西北、东南、西南和中部建设有数据中心,其中中部数据中心起到网络枢纽的作用,将其他几个数据中心通过专用高速网络连接起来。某公司用户希望租用该云服务提供商的若干数据中心来部署虚拟机服务器。数据中心的网络拓扑结构以及各数据中心的距离如图 11-4 所示。其中,0、1、2、4 号数据中心以 3 号数据中心为桥接通过高速网络彼此相连,用户与 1、4 号数据中心通过普通网络连接。

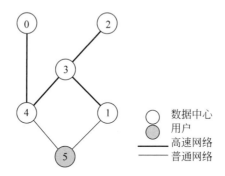

图 11-4　数据中心示意图

现在设计 DQN 模型对该场景下 DQN 网络进行训练,DQN 模型的关键参数如表 11-1 所示。表 11-1 中的数据均是经过多次实验后发现效果较好的关键参数值。

表 11-1　虚拟机租用阶段 DQN 模型的参数

参　　　数	值	参　　　数	值
训练回合数	10 000	目标网络更新频率	100
学习率	0.001	初始 ε 值	0.1
折扣因子	0.9	最小 ε 值	0.0001
样本池规模	5000	ε 每回合减幅	0.0 000 000 333
批样本数	20	网络隐藏层数	2

虚拟机租用阶段 DQN 的收敛性:训练过程 DQN 网络的回报值变化情况如图 11-5 所示。从回报函数的曲线图可以看出,经过大约 1000 回合的训练后,DQN 网络趋于收敛。

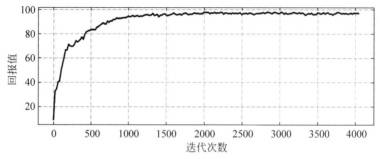

图 11-5　虚拟机租用阶段 DQN 回报函数的收敛曲线

最短路径选择：根据训练后的 DQN，计算图 11-4 所示的用户到各个数据中心的最短路径，算法的运行结果如表 11-2 所示。

表 11-2　最短路径选择结果

数据中心编号	路 径 长 度	路　径
0	2	5→4→0
1	2	5→1
2	3	5→4→3→2
3	2	5→4→3
4	1	5→4

虚拟机租用阶段的数据中心选择结果：假设用户租用的虚拟机的配置为 CPU（2048MIPS）、内存（4GB）、外存（128GB）、带宽（200Mb/s）。各个数据中心的各类型资源价格如表 11-3 所示。

表 11-3　数据中心资源价格表　　　　　　　单位：美元

数据中心编号	CPU	内　存	外　存	带　宽
0	0.1064	0.581	0.058	0.334
1	0.1122	0.585	0.061	0.456
2	0.1063	0.565	0.069	0.385
3	0.1102	0.567	0.063	0.401
4	0.1090	0.605	0.060	0.399

现在公司要选择若干数据中心来部署自己的虚拟机群，选择数据中心的常用方法有以下几种：

（1）随机选择（Random），从所有可用数据中心中随机选择，通信路径也随机选择。

（2）最短路径优先（Shortest Path First，SPF），优先选择用户与数据中心之间的最短距离的数据中心，即网络通信优先。

（3）计算资源优先（Computing Resource First，CRF），优先选择计算资源成本最低的数据中心，通信路径则随机选择。使用 Random、SPF、CRF 和本章算法在分布式数据中心中分别选择 1、2、3、4、5 个数据中心，对应 5 组数据，结果如图 11-6 所示。

在图 11-6 中，由于成本的数值较大，而各个算法结果之间的差距相对较小，为了能更明显地显示差距，在不影响对比结果的前提下对每组数据进行缩小处理，每组数据

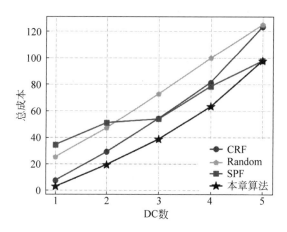

图 11-6　虚拟机租用阶段的数据中心选择结果

同时减去一个基数，第 1～5 组缩减基数分别为 300、600、900、1200 和 1500。从图 11-6 可以看出，相比 Random、SPF 和 CRF 算法，在租用相同虚拟机资源的情况下，本章提出的基于深度强化学习的数据中心选择算法更能节约总成本。

11.5.2　虚拟机使用阶段实验结果与分析

在数据中心群中部署好虚拟机后，随着公司内部用户开始不断提交作业，需要根据作业状态和数据中心虚拟机服务器状态选择数据中心来执行作业。为了验证虚拟机使用阶段的数据中心选择算法，设计以下仿真实验。

我们使用 Python 语言搭建了一个仿真平台，平台的具体系统参数为：用户数量为 4，用户作业队列数量为 4，每个时间步作业队列中的作业数量为 3，就绪作业集大小为 12，资源利用率阈值为 0.6。实验用的作业集中包括 4 种作业类型，作业的数据传输量与计算量的比值如表 11-4 所示。

表 11-4　最短路径选择结果

工 作 量 类 型	数据传输量与计算量的比值
gzip ASCII compress	330
x264 VBR encode	1300
x264 CBR encode	1900
html2text wikipedia. org	2100

作业的传输数据量在 $10\sim20\text{Mb/s}$ 范围随机生成,子任务之间的依赖性随机生成,总作业数为 200。云平台中 3 台虚拟机的计算能力分别为 650MIPS、850MIPS 和 1500MIPS,带宽大小分别为 200Mb/s、300Mb/s 和 500Mb/s,计算核心数分别为 4、8 和 12。DQN 网络关键参数如表 11-5 所示。我们在上述实验环境下进行实验。

表 11-5　虚拟机使用阶段 DQN 模型的参数

参　　数	值	参　　数	值
训练回合数	10000	目标网络更新频率	300
学习率	0.01	初始 ε 值	0.4
折扣因子	0.95	最小 ε 值	0.09
样本池规模	5000	ε 每回合减幅	0.002
批样本数	64	网络隐藏层数	3

虚拟机使用阶段 DQN 的收敛性:首先验证本阶段 DQN 算法在训练过程中的收敛性以及收敛速度。训练过程回报值的变化情况如图 11-7 所示。可以看出,随着训练的深入,智能体从环境中获得的总回报值递增,大约经过 1300 回合训练后开始趋于收敛,说明模型通过不断训练,学习到了可实现目标优化的策略。

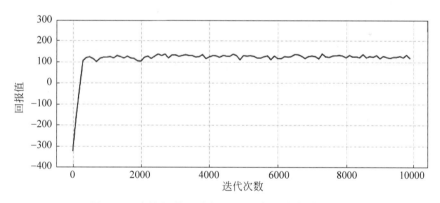

图 11-7　虚拟机使用阶段 DQN 回报函数的收敛曲线

1. 作业完工时间

接下来,对本章算法在全局完成时间方面的优化效果与其他算法的性能差异。采用的基准算法有随机算法(Random)、循环算法(RR)、具备学习能力的智能调度算(HDDL)算法。HDDL 算法协同多个异构深度学习模型来作为智能调度器,由历史经验可知,学习探索最优或是次优的调度策略。实验结果如图 11-8 所示。实验结果表明,随着训练迭代次数的增加,DQN 和 HDDL 的作业完工时间曲线递减并趋于稳定收敛。同时表明 DQN 和 HDDL 智能体均能从历史经验中学习到优化策略,实现系统目标优化,减少作业完工时间,但是 DQN 的作业完工时间要优于 HDDL。

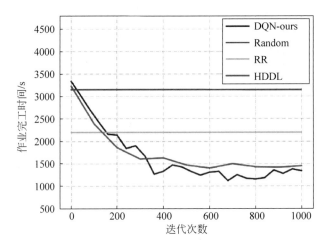

图 11-8　作业完工时间

2. 作业平均等待时间

在优化作业完工时间时,作业的等待时间是其中一个考虑的重要因素。

图 11-9 显示了不同算法模型的作业平均等待时间分布,可以看到,DQN 的作业等待时间明显小于其他基准算法。结合图 11-9 的实验结果,可以得出 DQN 采用更合理的资源配置策略来减少作业的等待时间,从而减少全局作业完工时间。

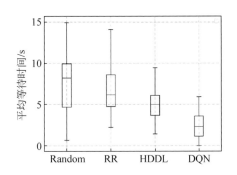

图 11-9　作业的平均等待时间

3．不同虚拟机数量情况

最后，验证在不同的虚拟机个数，即不同系统资源的情况下，各算法的优化效果，实验结果如图 11-10 所示。

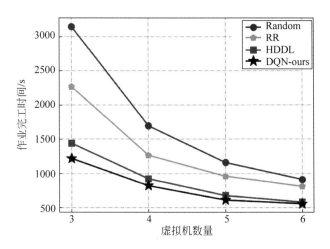

图 11-10　不同虚拟机数量时作业的完成时间

在图 11-10 中，由于 DQN 算法的波动性，为了使实验结果更具一般性，本章算法作业完成时间取的是最后 100 个回合的平均值。从图 11-10 可清楚地观察到，本章的基于 DQN 选择算法在不同虚拟机数目下，作业完成时间均小于其他基准算法。另外，随着虚拟机数目增多，各算法模型的作业完成时间逐渐减少，差距变小。以上结果说明，在云资源竞争较大的情况下，智能调度器能够根据作业属性和系统资源状态来动态作业的调度策略，从而减少全局作业完成时间。

11.6　小结

在云计算环境中，以高性价比的方式取得优质的资源服务，是云用户的美好愿望。用户在租用和使用虚拟机资源时如何在分布式数据中心中选择最优数据中心就显得尤为重要。为此，我们基于不同网络结构的深度强化学习，提出了租用虚拟机阶段和使用虚拟机阶段的数据中心选择算法。在虚拟机阶段租用，使用基于深度强学习的数据中心选择算法求得用户与数据中心之间的最短路径，解决了由于与通信路径有关导致网络通信成本计算困难的问题。通过协同考虑计算资源成本和网络通信成本,实现了数据中心的优化选择,有效降低了用户的总体租用成本。在虚拟机使用阶段,使用基于深度强化学习的数据中心选择算法求得作业的优化调度策略,并依此策略将作业提交到最优数据中心执行,解决了由于用户作业类型、大小、数据中心中虚拟机状态等均动态变化导致的用户作业调度困难的问题。通过综合考虑作业完工时间、作业等待时间等服务质量因素,有效地降低了作业的整体完成时间。

第 4 篇　云作业和虚拟化资源协同自适应调度

第 12 章

CHAPTER 12

基于异构分布式深度学习的
云作业调度与资源配置框架

云作业调度与资源配置是云计算领域的核心问题之一。如何在云作业调度和资源配置的过程中兼顾用户服务质量和服务供应商的收益是一项挑战。因此,我们提出一个基于异构分布深度学习的云作业调度与资源配置框架,该框架通过联合多个异构的 DNN 作为云系统的调度模型来以解决多队列多集群的作业调度与资源配置问题,以最小化作业延迟和能耗作为云系统的优化目标,生成最优调度策略。大量实验结果表明,本章提出的框架能够有效解决云作业调度与资源配置的多目标优化问题,获得近乎最优的调度策略。另外,异构深度学习模型相较于基准算法,在收敛性能和优化结果方面表现更加出色。

12.1 引言

云计算的发展推动了整个信息产业的高速发展。云计算平台强大的计算能力和存储能力能够满足不同用户的需求,为用户提供优质的定制化服务。而云平台调度策略的优劣决定了云平台的服务质量水平与运营利润,因此云作业调度和资源配置优化问题一直是云计算的亟待解决的核心问题之一。

针对云计算的调度优化问题,众多学者以及机构对该问题展开了多方面的研究。Zuo 等针对云计算中资源和作业的多样性,提出了一种资源-成本模型,该模型反映了用户的资源成本与预算成本之间的关系。基于该资源成本模型,Zuo 等(2015)提出了一种基于改进的蚁群算法多目标优化调度方法,实现系统性能和成本的多目标优化。Verma 等(2017)提出了一种基于非优势排序的混合粒子群优化算法,以处理 IaaS 云上具有多个相互冲突的目标函数的工作流调度问题。实验结果表明,该算法适合解决 IaaS 云上调度科学工作流的多目标优化问题。Alkayal 等(2017)基于新的排名策略,提出了一种新颖的多目标粒子群优化算法。该算法的主要目标在将作业调度到虚拟机的过程中最大限度地减少作业等待时间并最大化系统吞吐量。Duan 等(2017)提出了一种称为 PreAntPolicy 的新型虚拟机调度方法,该方法由基于分形数学的预测模型和基于改进蚁群算法的调度器组成。预测模型通过预测负载趋势来协助调度器进行更加合理的调度。Srichandan 等(2018)提出一种结合遗传算法和细菌觅食算法的理想特性的作业调度算法,该调度算法能在保证服务等级协议定义的约束下,实现高效的作业调度。但是传统的启发式算法需要在特定的条件下,才能获得最优解,面对复杂多变的云环境,其通用性不强,而且在多目标优化问题的求解过程中容易陷入局部最优解,而无法得到全局最优解。

在该背景下,一些研究人员采用强化学习方法来解决云计算的作业调度和资源管理问题。强化学习作为一种无模型的学习方法,具有强大的决策能力,通过不断试错机制来探索解决问题的最优解,有效解决多约束多目标优化的 NP 难问题。Peng 等采用强化学习 Q 学习算法和队列理论来解决复杂云环境下的作业调度和资源配置问题。该方法将调度问题转化成序列决策问题,然后采用 RL 的试错机制,探索最优的调度策略。另外,崔得龙等采用多智能体并行技术来探索云作业调度的最优策略并加速 Q 学习算法的收敛性。Thandar Thein 等提出了基于强化学习的云数据中心节能资源分配方法,实现了数据中心高能效和防止违反服务等级协议的目的。Yi 等针对 SaaS 提供者如何在动态变化的云环境中实现应用程序自动缩放以满足客户需求的难题,提出了一种基于 Q 学习的自适应租赁计划生成方法,以帮助 SaaS 提供者动态地做出有效的 IaaS 设施调整决策。虽然强化学习算法能够通过不断试错的机制来获取云调度优化问题的最优解,但在面对大规模的状态空间的情况下,强化学习算法容易出现收敛速度慢或是不收敛的情况。而深度神经网络具有强大的感知能力,能够有效应对大规模状态空间,很好地弥补了强化学习的不足。

近年来,深度强化学习已经在多个领域(如在自然语言处理、游戏、机器人控制等)取得突破。近年来,有学者采用深度强化学习模型来解决复杂环境下的云资源调度问题,为云计算的调度优化问题提供了新的解决思路。Lin 等(2018)充分利用卷积神经网络的感知力和强化学习的决策能力,提出了基于深度卷积网络强化学习模型的云资源调度模型,该模型将云系统的资源和作业资源抽象成"图像"的形式,作为卷积网络的输入,输出调度策略,实现云系统多资源云作业调度。Bitsakos C 等(2018)针对大规模的集群资源调度问题,提出了一种基于深度强化学习的弹性资源供应调度系统,能够自动根据用户的波动工作负载需求动态分配计算机资源,遵循最佳的资源管理政策(2018)。Zhang 等(2018)采用 DQN 算法来解决无线局域网作业卸载问题,以最大限度地降低移动用户的货币和能源成本。Liang 等(2019)结合强化学习训练方法和分布式深度学习模型来解决移动边缘计算的作业卸载问题,减少能耗并保证了服务质量。

在上述研究的基础上,本章针对作业调度和资源配置的多目标优化问题,提出基于异构分布深度学习的云作业调度与资源配置框架。该框架能够有效解决云平台的多队列多集群的调度问题,以最小化作业延迟和能耗为系统优化目标,生成最优的调度策略,以提高用户服务质量和供应商的收益。

简言之,本章的主要创新点、贡献有以下几点:

本章提出了一个基于异构分布深度学习的云作业调度与资源配置框架,采用多个异构深度神经网络模型进行协同优化,并且在模型训练过程中,采用深度强化学习的训练技术——经验回放机制来加快算法的收敛速度和提高优化效果。

该框架旨在解决多队列多集群的作业调度与资源配置问题,将复杂的动态调度问题静态化,以最小化作业延迟和能耗消耗作为云系统的优化目标,获得近乎最优的解。

通过大量的对比实验来验证本章算法的有效性和性能优越性。

12.2　系统框架与问题阐述

12.2.1　系统框架

本系统框架主要有 3 层,如图 12-1 所示。

第一层是用户负载层,由于云用户的数量的庞大,用户种类的多样性,因此用户负载的存在多样性,用户负载中包含多个作业(作业之间存在依赖性)以及数据的传输。因此在作业调度的过程中需要保证作业之间的执行顺序和依赖关系。本框架在用户负载层采用作业解耦器对用户负载解耦成子作业到分配到多个作业等待队列中,同时确保等待队列中的子作业的父作业已执行完成并且所需的数据已传输完成,保证队列中的作业具有原子性,均能独立运行。

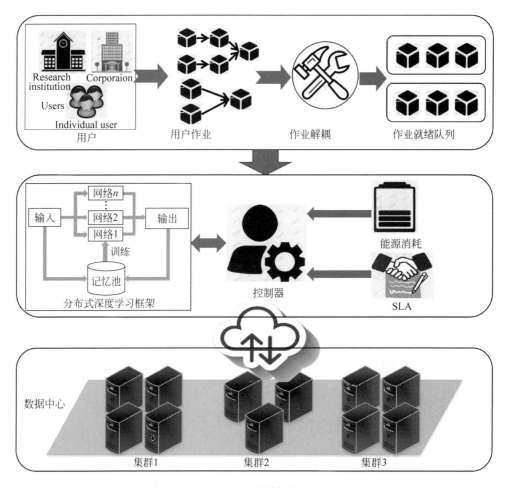

图 12-1　系统框架

第二层是整个框架的核心层——调度层,该层是负责作业的调度与资源的供给,以达到最小化作业延迟和系统消耗的优化目标。该层包含以下 4 个组件:

(1) 调度模型——由多个异构的 DNN 组成。

(2) 能源消耗模型——包含通信消耗和计算消耗。

(3) 服务水平协议——是用户与云服务供应商签署的服务协议,主要考虑作业的完成时间,包括作业通信延迟和计算延迟。

(4) 控制器 Controller——是作业调度层的核心组件,负责协调各个组件;生成作业调度和资源配置策略,保证 SLA 和最小系统能耗。

第三层是数据中心层。数量众多的基础设备组成规模庞大的数据中心,可按照地理位置将邻近的服务器聚类成计算集群。在通信方面,多个计算集群之间通过光纤连接,传输速度极快,因此可忽略其间数据传输延迟和能耗。然而来自不同用户的云作业连接到不同集群的带宽和距离有明显的差距,因此这两者是优化问题的重要考虑因素。另外,由于硬件设备的差异,集群的计算能力和计算功率也是影响系统调度效率的关键因素。

12.2.2　问题阐述

云系统的作业是将多个队列中的原子作业调度到多个集群中。假设系统中的等待作业队列数 n 个表示为 $\{1,2,\cdots,N\}$,每个队列包含的作业数为 m 个,表示为 $\{1,2,\cdots,m\}$,总作业数为 $M\times N$ 个,计算集群数 k 个,表示为 $\{1,2,\cdots,k\}$。作业 T_{nm} 表示第 n 个队列中第 m 个作业,作业 T_{nm} 的属性用二元组表示为 (α_{nm},β_{nm}),α_{nm} 表示作业的数据量,β_{nm} 表示所需 CPU 周期数。另外,设定每个作业所需要 CPU 周期与作业数据量线性相关,即 $\beta_{nm}=q\times\alpha_{nm}$,$q$ 表示计算力与数据的比率(Computation to Data Ratio)。集群 J_k 的属性用三元组表示为 $(C_k,P_k^{\text{comm}},P_k^{\text{comp}})$,$C_k$ 表示集群的计算能力,即是 CPU 的周期数,P_k^{comm} 表示集群的通信功耗,P_k^{comp} 表示集群的计算功耗。动作 $\alpha_{nmk}\in\{0,1\}$,$n\in N$,$m\in M$,$k\in K$,若 $a_{nmk}=1$,则表示第 n 个队列中第 m 个作业调度到第 k 个集群中。另外,多个队列到多个集群的之间的带宽表示为 $\{w_{11},w_{12},\cdots,w_{1k};w_{21},w_{22},\cdots,w_{2k};\cdots;w_{n1},w_{n2},\cdots,w_{nk}\}$,不同的队列与集群间的链路 w_{nk} 表示队列 n 到集群 k 的带宽大小。本章主要考虑调度过程的两个关键因素:作业延迟和能源消耗。下面将通过公式阐明本章提到的通信模型和计算模型的定义。

通信模型包含作业数据传输所需要的传输时间以及能耗。当同个队列中多个作业同时调度到同一个集群时,带宽是均分给每个作业的,因此队列 n 中的作业 m 所能占用的带宽为

$$R_{nm}^{\text{bw}}=\frac{w_{nk}}{A_{nk}} \tag{12.1}$$

W_{nk} 表示队列 n 到集群 k 的带宽大小,A_{nk} 表示队列 n 中调度到集群 k 的作业数。

通信延迟 T_{comm} 是指作业数据上传到服务器的所消耗的时间:

$$T_{nm}^{\text{comm}}=\frac{\alpha_{nm}}{R_{nm}^{\text{bw}}} \tag{12.2}$$

数据通信能耗 E_{comm} 即是作业传输过程中的所消耗的能源：

$$E_{nm}^{\text{comm}} = P_k^{\text{comm}} \cdot T_{nm}^{\text{comm}} \tag{12.3}$$

队列 n 中所有作业的通信能源消耗：

$$E_n^{\text{comm}} = \sum_{m \in M} E_{nm}^{\text{comm}} \tag{12.4}$$

计算模型包含作业的计算延迟和计算能耗。集群计算能力将均分给调度到该集群的作业，即每个作业获得 CPU 周期：

$$R_{nm}^{\text{cpu}} = \frac{C_k}{\sum\limits_{n \in N} \sum\limits_{m \in M} a_{nmk}} \tag{12.5}$$

计算延迟 T_{comp} 即是作业计算所消耗的时间：

$$T_{nm}^{\text{comp}} = \frac{\beta_{nm}}{R_{nm}^{\text{cpu}}} \tag{12.6}$$

计算能耗 E_{comp} 即是作业计算过程中的所消耗的能源：

$$E_{nm}^{\text{comp}} = P_k^{\text{comp}} \cdot T_{nm}^{\text{comp}} \tag{12.7}$$

队列 n 中所有作业的计算能源消耗：

$$E_n^{\text{comp}} = \sum_{m \in M} E_{nm}^{\text{comp}} \tag{12.8}$$

本章考虑的因素是作业延迟与能源消耗，因此系统的回报函数定义如下：

$$Q(s,d) = \xi^d \max_{n \in N, m \in M} (T_{nm}^{\text{comm}} + T_{nm}^{\text{comp}}) + \xi^e \sum_{n \in N} (E_n^{\text{comm}} + E_n^{\text{comp}}) \tag{12.9}$$

$\xi^d, \xi^e \in [0,1]$ 表示作业延迟和能耗各自（respectively）所占的优化比重。

系统的最终优化目标是获得最优的调度策略，最小化作业延迟与能源消耗，即是最小化期望回报值 R

$$R = \min Q(s,d) \tag{12.10}$$

12.3 异构分布式深度学习模型

异构分布式深度学习模型（见图 12-2）即是采用多个异构 DNN 来作为拟合函数，多个 DNN 的网络层数相同，隐藏层节点数不同，但总网络参数的总数相同。该模型在训练过程中采用深度强化学习的经验回放机制，将多个异构网络生成的样本存储到同一个样本池中，作为公用训练样本集供各个 DNN 进行训练，加大了训练样本的数量以及多样性。在训练模型的过程中,首先将多个队列中的多个作业属性组表示成状态空间 $s = \{\alpha_{11}, \beta_{11}, \alpha_{12}, \beta_{12}, \cdots, \alpha_{nm}, \beta_{nm}\}$,作为 X 个 DNN 的输入,每个 DNN 输出不同的动作决策集合为 $\{d^1, d^2, \cdots, d^x\}$。在时间步 t,系统状态 s_t 作为输入,输出每个 DNN 的动作决策 d_t^x 表示为:

$$f_{\theta_t^b}: s_t \rightarrow d_t^x \tag{12.11}$$

$f_{\theta_t^b}$ 表示第 b 个 DNN 的网络参数的函数。动作决策表示为 $\{a_{111}, a_{121}, \ldots, a_{nmk}\}$,$a_{nmk} \in \{0,1\}, n \in N, m \in M, k \in K$,若 $a_{nmk} = 1$,则表示队列 n 中作业 m 调度到集群 k 中,紧接着,采用式(12.9)计算每个的动作决策的 Q 值,选择获取最小 Q 值的动作决策作为该作业集的最佳动作决策:

$$d_t^{\text{opt}} = \underset{x \in X}{\arg\min} Q(s_t, d_t^x) \tag{12.12}$$

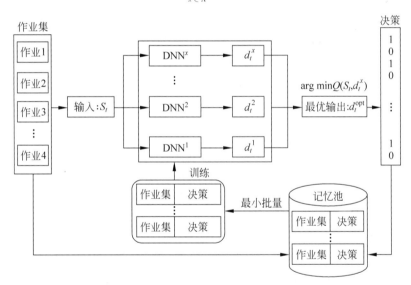

图 12-2　异构分布式深度学习模型架构

将当前作业集状态空间 s 和最佳决策动作 d_{opt} 作为样本 (s, d_{opt}) 存储到经验池中,待经验池中的样本数达到阈值,从中随机抽取 Mini-batch 数的样本,进行模型训练,目标是最小化期望回报值。梯度下降算法通过最小化交叉熵损失(minimizing the cross-entropy loss)来优化各 DNN 的参数值 θ_t^x。

HDDL 模型的训练过程伪代码如算法 12.1 所示。

算法 12.1	pseudo-code of HDDL
1.	Initialize all X DNNs with different random wights θ^x, $x \in X$.
2.	Initialize replay memory D to capacity M.
3.	Input: all task requirements in task ready queues.
4.	Output: task scheduling decisions d^x.
5.	For $t = 1, 2, \cdots, T$ do
6.	Input the same s_t to each DNN.
7.	Generate X scheduling decisions from the DNNs $\{d_t^x\} = f_{\theta_t^x}(s_t)$.
8.	Select the optimal decision $d_t^{opt} = \mathop{\arg\min}\limits_{x \in X} Q(s_t, d_t^x)$.
9.	Store(s_t, d_t^{opt}) into replay memory D.
10.	Randomly sample Mini-batch of transitions(s_t, d_t) from D to train the DNNs.
11.	End For

12.4 仿真实验与结果分析

12.4.1 实验设计与参数说明

为了验证本章模型的有效性与性能,我们设计两部分仿真实验。第一部分是针对 HDLL 模型的关键参数进行对比验证,观察参数对模型的优化效果的影响。模型关键参数包括异构 DNN 个数、学习率、批次大小。第二部分是对本章模型与基准算法的优化结果进行对比验证。仿真实验采用的基准算法有随机算法(Random)、轮回算法(RR)、贪婪算法(Greedy)、多目标粒子群算法 MoPSO、同构分布式深度学习模型 DLL。在仿真实验中,我们设置集群的队列数取值区间为 $[2,6]$,队列的作业数为 3,作业的数据量取值区间为 $[10,20]$,作业需要的 CPU 周期与数据量的关系满足:$\beta_{nm} = q \times \alpha_{nm}$,$q = 330$ cycle/byte。集群数取值区间为 $[2,6]$,集群的计算能力取值区间 $[1 \times 10^{12}, 2.5 \times 10^{12}]$ cycles/s,集群的计算功率取值区间为 $[1 \times 10^5, 2.5 \times 10^5]$W,队列与集群之间的带宽取值区间为 $[20,30]$Mbps,通信功率为 0.2W。

实验数据集包含 200 组作业集以及对应的最小 Q 值,其中 80% 作为训练集,20% 作为测试集。Q 值的产生是通过枚举每组作业集的所有可能动作策略,计算每组动作策略的 Q 值,取最小 Q 值为该作业集的最优解(贪婪思想),但该方法比较费时,尤其是当作业队列数或集群数增加时,时间消耗呈指数增长。所有的仿真实验运行在安装有 Python 和 TensorFlow 的台式主机上。

12.4.2 网络模型验证实验

该部分通过比较模型的关键参数对模型的收敛性能的影响,来探索模型的最佳参数以充分发挥模型的性能。为了验证网络对收敛性能的影响,实验中采用异构网络模型与同构网络模型比较,同时确保两个模型的网络层数均为 3,DNN 数相同,网络参数总个数相同。

由图 12-3 可以看出,在相同的条件下,HDLL 的收敛效果比 DLL 更加出色。

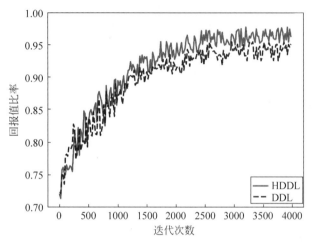

图 12-3 DDL 和 HDLL 的收敛性能

由图 12-4 可得,随着网络个数的增加,曲线的收敛更快,收敛效果更好,但是 DNN 个数越多,需要的训练时间和训练样本越多。

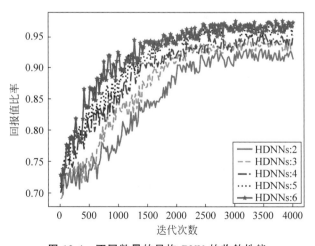

图 12-4 不同数量的异构 DNN 的收敛性能

图 12-5 表示的是学习率大小对算法收敛情况的影响，由图 12-5 可知，当学习率较大时，曲线振荡幅度较大，且最终的收敛效果较差；当学习率过小时，曲线的振荡幅度较小，收敛速度较慢。当学习率等于 0.01 时，曲线的收敛性能最佳。

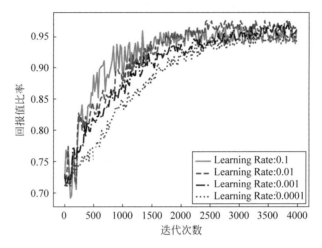

图 12-5　不同学习率下的收敛性能

由图 12-6 可看出，不同的 Batch-size 主要影响算法收敛速度，但是最后的收敛结果相近。其中 Batch-size 等于 64 时，曲线的收敛速度最快。

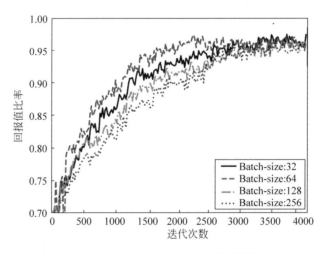

图 12-6　不同 Batch-size 下的收敛性能

12.4.3　算法比较仿真实验

本节通过比较本章提出的模型与基准算法(Random、RR、MoPSO、DLL、贪婪算法)在不同的队列数和集群数下的优化效果,来验证本章提出模型的性能。

由图 12-7 可以明显看到,随着作业队列数的增长,系统负载增加,所有算法模型的回报值均呈上升趋势。RR 和 Random 算法的回报值增长速率相对较快,MoPSO、HDLL、DLL、贪婪算法增速相对较缓,优化结果较接近。当作业队列数达到 5 个以上后,HDLL 和 DLL 算法的优化效果较启发式算法 MosPSO 更好。另外,HDLL 的优化效果优于 DLL 算法,更加接近贪婪算法的曲线,能够获得近乎最优结果的调度策略。

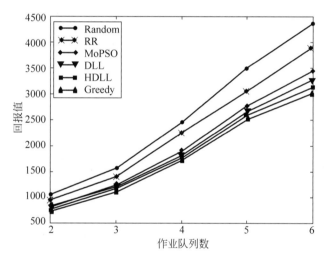

图 12-7　不同作业队列数下的算法对比

由图 12-8 可看出,随着集群数的增长,系统可用资源增加,因此所有算法模型的回报值均呈下降趋势。另外,在集群数较少的情况,PSO、DLL、HDLL 算法的优化结果与贪婪算法较接近,但随着集群数增加,动作决策数增加,HDLL 仍能获得近乎最优的结果,且优于 DLL 和 MoPSO 算法。

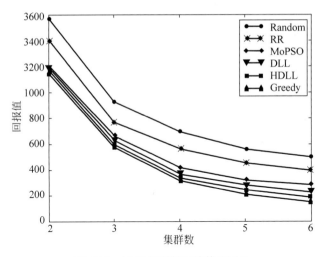

图 12-8　不同集群数下的算法对比

12.5　小结

本章提出一种基于异构深度学习的云作业调度和资源配置框架,来解决云计算的多队列多集群调度的多目标优化问题。该框架通过协同多个异构 DNN 模型,并采用深度强化学习的经验回放机制来训练调度模型,有效地提高收敛速度和效果,能够生成近乎最优的调度策略来最小化作业延迟和系统的能耗。大量实验结果表明,本章提出的模型与同构 DNN 模型相比收敛性更加出色,与启发式算法相较,更能适应大规模的多目标优化问题,优化效果更好。然而本章算法还存在许多问题需要进一步研究和完善。因此,接下来的研究方向主要集中在以下两方面:

(1)在动态多变的云环境中,进行有效的动态负载预测,以协助调度模型更好地适应负载的变化,提高调度模型的稳定性和效率。

(2)随着云数据中心规模的不断壮大,单调度模型存在一定的局限性,因此多模型协同调度将会是一个值得深入研究的方向。

第 13 章

云工作流任务与虚拟化资源 协同自适应调度机制

13.1　引言

　　云计算中心的性能影响因素主要体现在大数据应用多样性和云中心资源复杂性两个方面。从用户角度分析,并行计算模型承接了大数据应用的并行分布式划分任务,由于单一并行计算模型大多针对专属类型的大数据应用,因此大数据应用的多样性问题可以平滑地转为并行计算模型的多样性问题。从云服务商的角度分析,并行计算模型是部署在云计算中心的一种并行分布式架构,云中心为并行计算模型的实现提供了基础资源,因此云资源的复杂性问题可以同样转化为支持并行计算模型实现的基础资源的复杂性问题。综上所述,并行计算模型综合体现了云计算中心的性能影响因素,因此对并行计算模型进行性能建模,从并行计算模型角度可以更加有效地分析云中心的性能。

13.2　自适应协同调度研究现状及其局限性分析

　　南加州大学开发的 Pegasus 云工作流管理系统考虑到了科学工作流任务和云计算资源自适应调度,但该系统在本地用户队列探测和用户需求定制等方面还有待进一步改进。欧盟的全球网格基础设施项目 EGEE 部分工作涉及分别进行任务分配和资源弹性供给的优化调度,并拟在其替代项目 EGI 中实现两者的协同融合调度。Vasile 等设计了一种基于虚拟机组的资源感知混合调度算法。该算法采用两阶段用户任务分配算法:第一阶段将用户任务分配到制定的虚拟机组,第二阶段根据每个组内资源数量采用经典调度算法进行二次调度。但该算法忽略了工作流任务之间的依赖关系，因此会导致用户数据在虚拟机组间频繁传输，甚至造成网络拥塞。电子科技大学的赵勇等设计了一套服务架构进行云科学工作流管理，该架构由 8 个子模块和 6 个接口组成，并在 OpenNebula 和 Eucalyptus 云平台上进行了实例化，但该架构仅适用于单个科学工作流的协同优化调度，因而不够贴近真实的应用场景。

综上所述，目前国内外相关研究工作大多集中在云工作流任务分配或虚拟化系统资源供给单方面的自适应调度，忽略了两者内在的依赖制约关系，因而很难在保证服务等级协议的前提下，实现云服务供需双方的利益均衡；而两者协同自适应调度的研究成果不多，研究深度和有效的解决方法还非常欠缺，以协同方式进行两者的自适应调度，必将成为以云工作流应用为典型代表的大数据处理技术中亟须解决的核心问题之一。

13.3　系统模型

本章利用排队论和嵌入式马尔可夫链屏蔽了并行计算模型的多样性，将所有并行计算模型模拟成为一个改进的 $G/M/n$ 排队系统，并在统一规范下定义了性能影响因素，同时利用概率分析和统计深入分析了基础资源的复杂性。然后，获取并行计算模型的相关指标参数，进而推导出云中心的性能指标。

13.4　多智能体社会下工作流任务与虚拟化虚拟机资源自适应调度机制

本章将存在资源竞争或运行着相互依赖任务的一群相关虚拟机称为一个虚拟机集群。以虚拟机集群为粒度的任务分配包含两种智能体：任务智能体和监控智能体。每个虚拟机集群内设一个任务智能体，每个虚拟机内设一个监控智能体。任务智能体负责将用户提交的工作流根据 DAG 分解为具有相互依赖关系的用户任务，并依据服务质量需求进行优先级设置和动态调整；监控智能体负责监督虚拟机集群内各虚拟机资源的数目和运行状态，并传递该虚拟机各种资源实时效用信息。在每个调度时刻，任务调度器依据任务智能体设置的优先级和监控智能体反馈的实时效用信息决策出最优的任务分配策略,期望达到不同时间提交的具有不同服务质量需求的多工作流任务的公平调度。

1. 自适应作业调度

根据如图 13-1 所示的云平台模型和经典队列理论,在每个调度时刻系统状态转移满足马尔可夫性(嵌入式马尔可夫链见图 13-2),则基于强化学习的任务分配策略相关概念可描述如下:

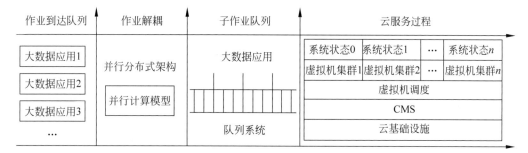

图 13-1　云平台模型

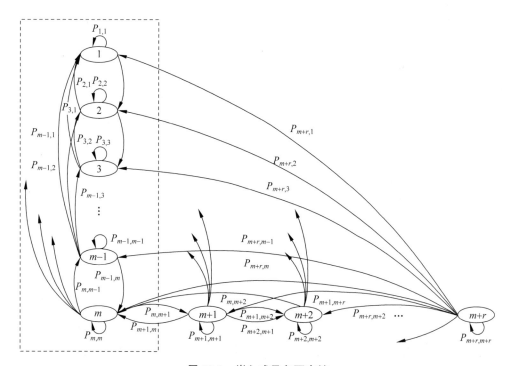

图 13-2　嵌入式马尔可夫链

1）状态空间

用五元组 $S = (WR, RA, AW, IM, PJ)$ 表示状态空间，其中 WR 表示待调度任务的工作量；RA 表示资源可用时间；AW 表示等待队列中的总工作量；IM 表示空闲虚拟机资源数；PJ 表示队列中各用户提交任务的比例。

2）动作空间

用三元组 $J = (TJ, WS, ET)$ 表示动作空间，其中 TJ 表示任务类型；WS 表示用户标识符；ET 表示任务执行时间。

3）回报函数

本章拟采用式（13.1）作为多工作流公平分配的回报函数 R_s：

$$R_s = \lambda_s W + (1 - \lambda_s) F \tag{13.1}$$

式（13.1）中，$\lambda_s \in [0,1]$ 为控制系数；W 为工作流任务响应率；F 为公平性指标。

任务 v_i 响应率 w_{v_i} 定义为

$$W_{v_i} = \frac{\text{excution time}_{v_i}}{\text{excution time}_{v_i} + \text{waiting time}_{v_i}} \tag{13.2}$$

任务 v_i 公平性指标 F_{v_i} 定义为

$$F_{v_i} = 1 - \frac{\max_k(W_k - S_{kv_i})}{M_{v_i}} \tag{13.3}$$

式中，S_{kv_i} 表示用户 k 提交的任务 v_i 所需的资源；$M = \max_k(w_k)$。

式（13.1）设计的回报函数符合本章确定的多工作流任务公平分配要求：既要保证虚拟机集群内各虚拟机单元负载均衡，又要避免不同服务质量需求的工作流违反服务级别协议，提高整个虚拟机集群资源利用率。对于监控智能体，可实时获取虚拟机集群内各虚拟机资源的效用信息，为任务智能体提供决策依据。

2. 自适应资源调度

以虚拟机集群为粒度的虚拟机资源调度同样包含两种智能体：感知智能体和资源智能体。每个虚拟机集群内设一个资源智能体，每个虚拟机内设一个感知智能体。感知智能体负责感知用户任务在虚拟机内的运行情况，并预测和反馈任务信息（包括任务剩余时间、任务等待时间、资源可用时间等），资源智能体负责监督并传递当前虚拟机集群内各虚拟机及其所在物理机资源的占用信息。在每个资源调度时刻，资源调度器依据感知智能体反馈的任务运行信息和云工作流的 DAG 生成符合要求的虚拟化虚拟机资源类型和数目,并根据资源智能体的反馈的物理机资源的占用信息优化放置虚拟机单元。

本章拟采用基于强化学习的虚拟机资源弹性生成供给策略。以虚拟机集群为粒度的虚拟化资源供给中,状态转移同样满足马尔可夫性,定义与任务分配问题中状态空间的描述相同,其余相关概念描述如下:

1) 动作空间

云计算的弹性资源供给特性增强了虚拟机资源生成的灵活性,可在每个资源生成时刻调整可用计算资源数目以便最大化资源利用率。因此动作空间包括两个动作:待分配任务以及请求的资源数。

2) 回报函数

本章拟采用式(13.4)作为虚机资源生成的回报函数 R_e:

$$R_e = \lambda_e W + (1 - \lambda_e) U \tag{13.4}$$

式(13.4)中,$\lambda_e \in [0,1]$ 为控制系数;W 为任务响应率,定义同式(13.3);U 为资源效用指标,说明如下:

以 $(T_1, T_2, \cdots, T_n)$ 表示资源供给决策时刻,以 P_k 表示 $[T_1, T_2, \cdots, T_k]$ 时刻虚拟机集群内可用虚拟机资源,以 f_n 表示 T_n 时刻工作流任务执行时间总和,则资源效用指标定义如下:

$$U_n = \frac{f_n}{\sum_{k=0}^{n} P_k (T_{k+1} - T_k)} \tag{13.5}$$

由此可见,式(13.5)定义的资源效用指标 U 反映了每个资源调度时刻,虚拟机集群内运行的工作流任务和虚拟化虚拟机资源之间的供求关系。

式(13.4)设计的回报函数符合本章确定的以虚拟机集群为粒度的多工作流资源生成要求:既要保证虚拟机集群内虚拟机单元的数量和类型符合云工作流的运行流程,又要避免不同 QoS 需求的工作流违反服务级别协议,提高整个虚拟机集群资源利用率。对于感知智能体,可实时获取各虚拟机集群内任务的状态信息,为资源智能体提供决策依据。

3. 虚拟化资源部署

- 第一阶段:基于最小割的集群内虚拟机层次聚类。

以 $G = (V, E)$ 表示云工作流 DAG 图,其中 V 表示虚拟机集群;E 表示集群内虚拟机之间的流量；节点集合表示为 $Q \subseteq V$；边的集合表示为 $\delta(Q)$。则图 G 中，边的一个顶点在集合 Q 中，另一个顶点属于 $V \backslash Q$，当 $Q \neq \varnothing$ 或 $Q \neq V$ 时，$\delta(Q)$ 中的边就组成一个割集，表示为 $(Q, V \backslash Q)$。对于每一条边 $(i, j) \in E$，都有一个非负的容量 $C_{i,j}$。而一个割集的容量可以定义为割集中每条边容量的总和，可表示为：$C(Q, V \backslash Q) = \sum_{i,j \in \delta(Q)} C(i, j)$。

基于最小割的层次聚类就是在图 G 中找一个容量最小的割集。以图 13-3 为例说明如下，图 G 最小割层次聚类结果可用二叉树 $T(V)$ 表示，左子树 TL 为 Q 里的节点，权重为 Q 中边值的和 $W(TL) = \sum_{i,j \in \delta(Q)} C(i, j)$；右子树 TR 为 $V \backslash Q$ 的节点，权重为 $V \backslash Q$ 中边值的总和 $W(TR) = \sum_{i,j \in \delta(Q)} C(i, j)$，如果 $W(TL) < W(TR)$，则交换左右子树，以确保左子树 TL 的通信流量一直大于右子树。

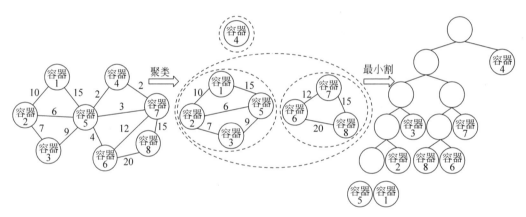

图 13-3　基于最小割的集群内虚拟机层次聚类

- 第二阶段：利用局部搜索算法优化网络流量。

从流量工程的角度来看，最小化最大链路利用率是网络性能优化的主要目标。本章拟以最大链路利用率或热点链路数目为目标函数，在最小割层次聚类结果的基础上选择产生拥塞链路的流量最大的虚拟机，随机与左右邻居交换机下的虚拟机进行交换，计算目标函数；如果目标函数值减小，则接受此次交换；如果没有减少，则可按一定概率接受。如此重复，直至循环到设定的迭代次数结束。最终目的是最小化最大链路利用率，从而使得数据中心网络流量分布均衡，减少拥塞链路的产生。

- 第三阶段：采用最佳匹配算法优化虚拟机放置。

当放置某个新创建的虚拟机时，从已使用的第一台物理机开始依次搜索，找到与该虚拟机最匹配的物理机进行放置,只有当所有的物理机都不能容纳这个虚拟机时,才启用一台新的物理机。

4. 多智能体社会下的自适应调度机制

本章采用一种改进的 Sarsa 强化学习算法作为任务智能体和资源智能体协同调度的自适应机制。但是基本 Sarsa 强化学习算法存在维数灾难、收敛速度慢和知识复用难等问题。本课题从连续状态动作空间分层、值函数近似、知识复用等角度进行 Sarsa 算法改进,提高其在本课题应用的自适应性,算法伪代码如算法 13.1 所示。

算法 13.1　改进的 Sarsa 强化学习算法
1.　　Initialize $Q(s,a)$ arbitrarily
2.　　Repeat (for each episode):
3.　　　　Initialize S
4.　　　　Choose A from S using policy derived from Q table
5.　　　　$i \leftarrow 0$
6.　　　　If $i \leqslant$ updata step do
7.　　　　　Repeat (for each step of episode)
8.　　　　　　Take action A, observe R,S'
9.　　　　　　Choose A' from S' using policy derived from Q table
10.　　　　　$Q(s,a) \leftarrow Q(s,a) + \alpha[R + \gamma Q(s',a') - Q(s,a)]$
11.　　　　Else
12.　　　　　For $j \leftarrow i-1$ to 0 do
13.　　Collect input data from $Q(s,a)$ value table
14.　　Regress all $Q(s,a)$ with GPR
15.　　Modify the $Q(s,a)$ with the regress results
16.　　End For
17.　　End If
18.　　　　$S \leftarrow S'$; $A \leftarrow A'$;
19.　　　　Until S terminal

1) 连续状态动作空间分层

云工作流任务分配和资源供给都以连续状态工作空间进行描述,必须加以离散化才能使用计算机进行处理和表示。状态动作空间分层是在强化学习的基础上引入抽象机制,将整个学习任务分解为位于不同层次上的若干子任务,从而有效缩减各子任务的策略搜索空间,有效地缓解了维数灾难问题,而且获得的子任务策略可以复用。

2) 知识复用

知识复用流程如图 13-4 所示。新虚拟机集群以复用的知识作为先验知识,从而加速最优策略的搜索。

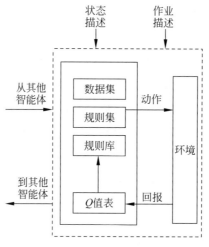

图 13-4 多智能体知识复用

以 S_{old}、A_{old}、T_{old} 和 S_{new}、A_{new}、T_{new} 分别表示旧虚拟机集群和新虚拟机集群的状态空间集合、动作空间集合和类型,则虚拟机集群间知识复用可表示为:

$$\begin{cases} \eta_S : S_{new} \to S_{old} \\ \eta_A : A_{new} \to A_{old} \\ \eta_T : T_{new} \to T_{old} \end{cases} \tag{13.6}$$

3)值函数近似

本章使用高斯过程回归进行值函数近似。高斯过程回归方法是近年来在机器学习领域发展起来的一种新的函数逼近方法,该方法不仅可大大减少得到最优策略所需的迭代次数,有效地提高学习效率,而且具有不需要事先假设具体的函数模型(由样本本身来表示值函数)、参数自适应、易于实现等优势。

13.5 多智能体社会下工作流任务与虚拟化虚拟机资源协同调度机制

1. 多智能体社会与虚拟机集群的逻辑关系

本节以虚拟机集群为粒度研究云工作流任务与虚拟化虚拟机资源协同自适应调度机制,图 13-5 为虚拟机集群与多智能体逻辑关系示意图。虚拟机集群的定义既考虑了云工作流任务在同一物理机上执行时各虚拟机对物理资源的竞争,又考虑了分布在不同物理机上的云工作流任务执行时的相互依赖。

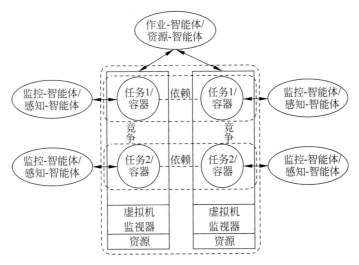

图 13-5　多智能体社会与虚拟机集群的逻辑关系

2. 多智能体社会下的协同调度机制

基于多智能体社会的云工作流任务和虚拟化虚拟机资源协同调度平台组织框架如图 13-6 所示。该社会中的协同调度体现在:工作流任务分配需实时掌握虚拟机集群内各虚拟机资源的效用信息,并反馈任务分配的结果和提出资源供给建议;资源供

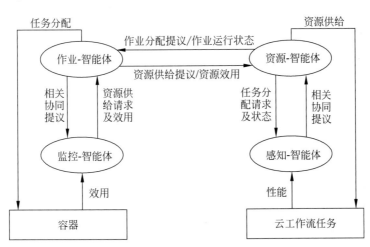

图 13-6　协同自适应调度的组织架构

给需实时掌握虚拟机集群内各工作流任务的运行状态,并反馈资源供给的结果和提出任务分配的建议。此外,任务智能体还要根据云工作流流程和 QoS 进行任务优先级设置和动态调整;资源智能体还要进行虚拟化虚拟机单元的优化放置。

下面以监控智能体为协同调度发起者为例,介绍协同多智能体社会的交互过程。

- 监控智能体综合虚拟机的资源效用信息、资源智能体提出的资源供给建议、感知智能体反馈的工作流任务运行状态,做出当前工作流任务分配决策,并向任务智能体提出任务分配请求,同时反馈该虚拟机资源的效用信息。
- 任务智能体执行各监控智能体提交的任务分配请求,同时根据所执行的任务分配动作,向该虚拟机集群内各感知智能体提出协同调度建议,连同虚拟机资源的效用信息发送给资源智能体。
- 资源智能体将协同调度提议和虚拟机资源效用信息下达到相应的感知智能体。
- 感知智能体综合考虑协同调度提议、虚拟机资源效用信息以及当前虚拟机内工作流任务的执行状态,做出虚拟化虚拟机资源供给决策,并向资源智能体提出执行请求,同时反馈当前虚拟机内工作流任务的运行状态。
- 资源智能体执行各感知智能体提交的资源供给请求,同时根据所执行的资源供给动作,向该虚拟机集群内各监控智能体提出协同调度提议,连同工作流任务执行状态发送给任务智能体。
- 任务智能体将协同调度提议和工作流任务执行状态下达到相应的监控智能体。

从以上多智能体交互过程可见,各种反馈信息和协同调度提议从监控智能体↔任务智能体↔资源智能体↔感知智能体的双向交互为协同调度的一个回合。本章拟基于以上交互过程,设计协同调度中多智能体交互动作的时序。

13.6 实验验证

图 13-7 为本章算法与基本及改进的 Sarsa 算法、利用率算法进行 SLA 违约比较的实验结果,图 13-8 为 3 种算法对虚拟化资源需求供给的实验结果,图 13-9 为 3 种算法的执行总费用比较,从如图 13-7~图 13-9 所示的实验结果可见,本章算法均优于对比算法。

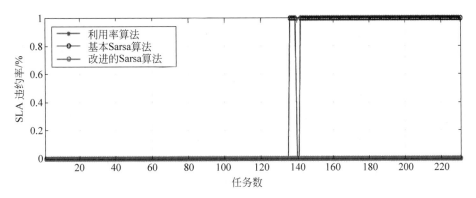

图 13-7　SLA 违约监测

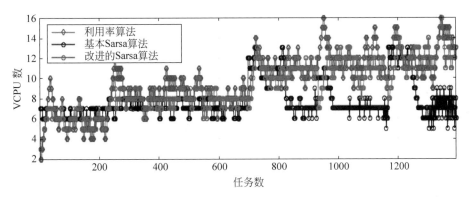

图 13-8　虚拟化资源供给比较

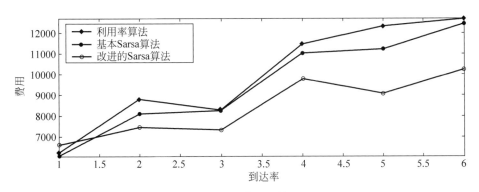

图 13-9　费用比较

13.7　小结

本章针对云计算环境下的工作流任务与虚拟化资源协同自适应调度问题,设计了一种细粒度的云计算系统模型,提出了一种基于多智能体社会的改进强化学习调度策略,实验结果证明了本章算法的有效性。

参 考 文 献

扫描下方二维码，查阅本书参考文献。